歴史文化ライブラリー

530

〈軍港都市〉横須賀

軍隊と共生する街

高村聰史

吉川弘文館

目　次

敗戦と軍港の戦後　戦後横須賀の原点

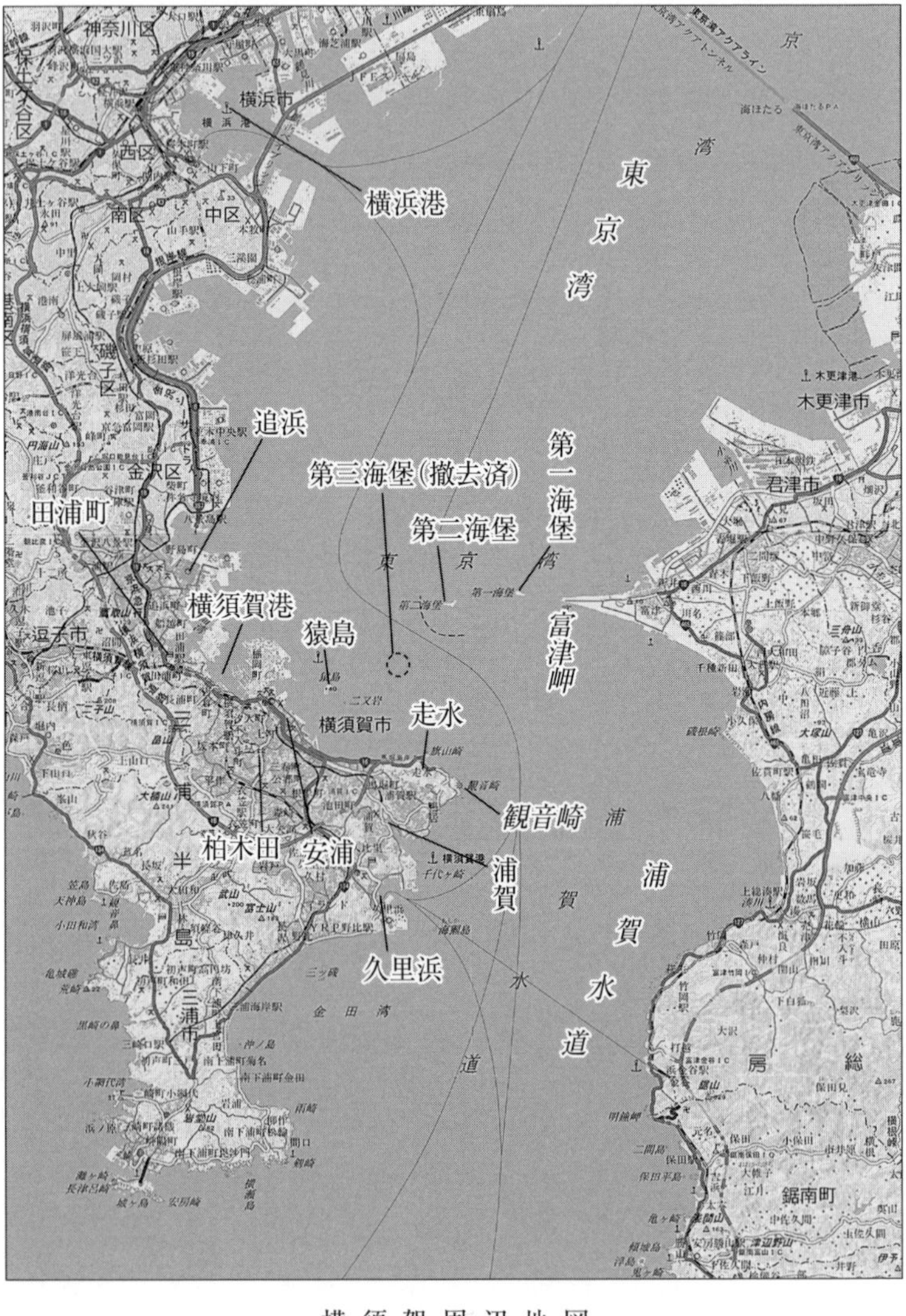
横浜港
東京湾
追浜
第三海堡(撤去済)
第二海堡
第一海堡
田浦町
横須賀港
猿島
富津岬
走水
観音崎
柏木田
安浦
浦賀
久里浜
浦賀水道
神奈川区
西区
南区
中区
磯子区
金沢区
逗子市
横須賀市
三浦半島
三浦市
横浜市
木更津市
君津市
房総
鋸南町

横須賀周辺地図

1　「横須賀ストーリー」

「横須賀ストーリー」——プロローグ

戦後横須賀のミカタ

平成二七年（二〇一五）、横須賀製鉄所起工一五〇年を祝し、横須賀市内では、小規模ながらいくつかの記念イベントが開催された。江戸幕府によって建設された横須賀製鉄所は、そののち横須賀造船所、鎮守府造船部、横須賀海軍工廠へと姿を変えていったが、いずれにしても近代横須賀の歴史は、日本海軍の発展と歩みを共にしてきた。海軍の発展なくして、横須賀の発展はなかった。

しかし、こうした日本海軍の一大拠点だった過去と米海軍基地があるという現在の状況は、戦後の歴史観——戦後日本の平和思想とそぐわないものをタブー視する——により、近代横須賀の歴史的評価を消極的なものにしてきた。市制五〇年『横須賀市史』（一九五七年）が海軍と距離を置いて叙述されたのはその証左であろう。

海軍カレーの登場

ところが、平成一一年（一九九九）頃から変化が現れる。契機は沢田秀男市長時代に地域振興の一環で実施された「よこすか海軍カレー」の登場だった。海軍糧食に由来する「海軍カレー」と横須賀との関係はさて置き、米海軍基地を抱える自治体が、これまでタブー視していた「海軍」を前面に推し出して商品販売を始めたことは、当時の市長のちょっとした賭けではなかったか。以後「海軍カレー」は、これといった物産がなかった横須賀を代表する商品となり、マスコミを通じて一躍全国的に知られるようになった。

そして、忘れてならないのが「軍港めぐり」である。わずか四五分ほどのクルーズだが、今や予約も難しいほどの人気である。普段見ることができない米軍基地や自衛隊基地を海から眺められる魅力と斬新さ、爽快感は圧巻で、リピーターが多いことも頷ける。また、旧文化庁の近代遺産調査で軍事関係の遺跡に注目が集まったのもこの頃からであり、以後、堰を切ったかのように「海軍」に関する商品や土産が横須賀の街角を賑わし、「海軍カレー」「軍港めぐり」、そして昭和三六年（一九六一）に復元された、日露戦争時の連合艦隊旗艦「三笠《みかさ》」を中心に、いわば「海軍テーマパーク」ができあがった。全国的注目度も相俟って観光客も急増し、今や横須賀は神奈川県内屈指の観光地となっている。

ただ、圧倒的スケールで迫る剝き出しの兵器そのものが観光スポットとなっている現実に、違和感を覚えないわけではない。この「テーマパーク」は、旧日本海軍の敗戦の痕跡であり、そこに戦勝国アメリカの海軍基地が存在する現実を、観光客の多くがほぼ無意識に受容していることに対する違和感である。救いがあるとするならば、この「テーマパーク」には「戦争」の匂いがほとんどしないことであろう。

観光客がここを訪れる理由はさまざまで、マニアックな視点もあれば、政治的関心もある。しかし多くの場合、普段秘密のベールに包まれている〈塀〉の向こうや、傍に寄れない軍艦や護衛艦、施設を目の当たりにできる単なる物珍しさと純粋な好奇心にすぎない。もちろん彼らの多くが過去の戦争を忘却したわけでも、賛美しているわけでも決してないのだ。

このことは、七五年の長きにわたる戦後教育により、国民が歴史的な事実を客観的に捉えるようになってきたことの現れと考えられるが、一方で肝心な史実や現実に目を瞑って通り過ぎようとしている印象を覚えるのである。我々が眺める〈静かな〉巨大空母の裏側で、艦載機の騒音が大和市や綾瀬市の住民を苦しめていることも併せて考えなくてはならないだろう。

対峙する横須賀の「現在史」

米海軍と日本の自衛隊およびその施設を抱える横須賀が、国家の安全保障上、重要な都市であることは周知である。この状況は、本書で述べるように戦前の横須賀に置き換えても大きく変わっていない。しかし、戦前の日本海軍と入れ替わるように入ってきた米海軍は、すでに七五年もの間、この地に「駐留」し続けている。横須賀製鉄所の鍬入《くわい》れ（起工）から日本海軍の消滅まで七九年になるから、あと数年で米海軍基地時代がその年数を上回ろうとしている。

戦後、横須賀市は、好むと好まざるとにかかわらず米海軍と共存の道を歩まざるを得なかった。この「テーマパーク」も、妥協の所産であろう。そもそも日本は軍隊を所有できないから、「軍港」は存在し得ないはずだが、横須賀には「軍港めぐり」があり、横須賀市はこれを承認支援し、今や「軍港」は横須賀観光の目玉である。

なぜアメリカの基地が横須賀にあるのか、なぜ横須賀市はこれを観光資源としたのか、まさにこうした矛盾と闘っているのが横須賀であり、今の日本なのである。

軍港の歴史の始まり

横須賀軍港の歴史は、東インド艦隊の四隻が浦賀沖に出現し、日本国中が大騒ぎとなってから十数年を経たある日、横須賀村の沖に一隻の船が現れたことに始まる。その船は黒船ではなく、幕府の蒸気船「順動丸」であった。乗組員は小栗上野介忠順《おぐりこうづけのすけただまさ》（勘定奉行）、栗本鋤雲《くりもとじょうん》（監察・元外国奉行）、木村謹吾（軍艦奉行）、レオン・ロッシュ（フランス公使）、バンジャマン・ジョレス（海軍提督）らと水夫たち。同艦は長浦（現田浦町）の湊で幕府役人とフランス士官らが投錘して水深を計測し、周囲の地勢を確認すると、現在の吾妻半島を越えて隣の横須賀の湊に進入した。一行は長浦と同様に投錘して周囲の地形を確認すると、確信めいたものを胸に、横須賀の湊を離れた。

三浦半島の「寒村」の一つにすぎなかった横須賀村の新しい歴史の幕は、こうして開かれた（図1）。その三か月後、横浜で製鉄所開設準備のための工場が建設され、ほどなく村内では製鉄所用地の買収が始まった。こうして東洋一と謳われた横須賀軍港が誕生することになったのである。

〈軍港都市〉とは

「軍港」とは、鎮守府が置かれた、文字どおり軍隊（海軍）が使用する港である。この軍港を擁する街が〈軍港都市〉ということになる。

陸軍の場合、師団連隊、病院や演習地などが置かれた市町村を、「軍都」「軍郷」などと称することが多い。これに比し軍港都市は、兵舎や演習場はもちろん、造船工場や船渠《せんきょ》、兵器工場、機械工場、病院、福利厚生施設、学校、港湾施設など、あらゆる海軍施設を包摂した一都市を形成していた点で異なる。軍港都市は長い時間をかけて建設されたもので、海軍そのものが都市としての存立基盤という、文字どおり〈海軍の街〉だった。江戸時代

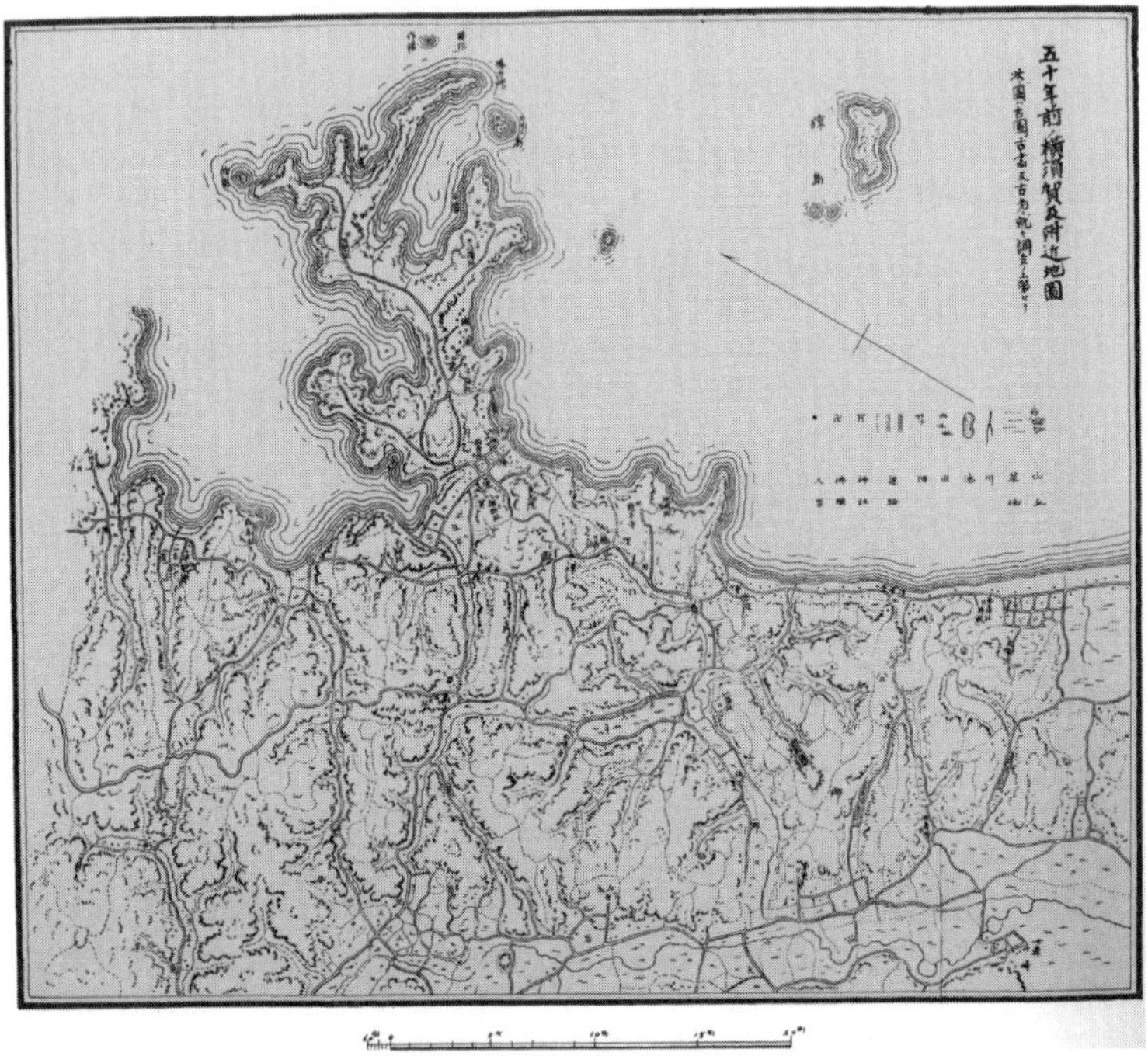

図1　明治初期の横須賀村とその周辺図（『横須賀案内記』附図）

の横須賀村は典型的な半農半漁の村であったから、巨大な官業が彼らを吸収したためほかの産業はほとんど育たず、典型的な消費都市としての道をたどった。

横須賀はわが国最初の軍港・軍港都市だった。もちろん当初から〈軍港都市〉だったわけではなく、幕府が横須賀村に建設した横須賀製鉄所（のち横須賀造船所・鎮守府造船部・横須賀海軍工廠）の発展に伴う必然的な都市化に由来している。明治一七年（一八八四）、横須賀に鎮守府が置かれ、続いて呉・佐世保（明治二三）・舞鶴（明治三四）がそれに続き、さらに北方警備の重要性から、横須賀管下の要港部が大湊（明治三八）に設置された。横須賀の第一海軍区は全四区のなかで最も広く、北は樺太・北海道から南は秋田（日本海側）・三重（太平洋側）を所轄し、兵員の徴募もこれに準じた。

明治中期以降、軍港都市に住む住民を「軍港市民」とひとくくりにした用語が使われたが、これは当時のメディアがほかの都市と区別して使用した造語であり、この点からも軍港都市が他都市と比較して〈特殊〉だったことがうかがえる。そもそも軍港都市は〈作られた街〉なのだ。

本書の構成

筆者が本書で描きたいことは、近代化の過程で成立した「国軍」としての海軍の歴史ではない。現在に至る〈軍港都市〉横須賀の人と海軍の歴史であり、軍港都市横須賀の社会経済史である。近代海軍建設、そして戦争、敗戦へと至る過程で、一寒村から一大軍港都市へと成長した横須賀の軍港市民と海陸軍がいかに共生してきたのか、地域のなかに存在する軍隊とはいかなる存在であったのか、また、海軍や陸軍の「恩恵」を被りつつも、内なる矛盾と葛藤しながら軍港都市として発展を続け、敗戦で何もかも失っていく姿である。本書は現在もなお、旧軍港都市の歴史を刻み続ける「横須賀ストーリー」なのだ。

なお、引用史料は原則として読み下し、カタカナは適宜仮名に改め、句読点を付した。現代では不適切と思われる用語もあるが、事実性に鑑み歴史用語としてそのまま採用した。

軍港横須賀の誕生

寒村から軍港へ

横須賀製鉄所とフランス

横須賀村というところ

帝都東京から一五里（約五九キロ）、開港地横浜から七里（約二七・五キロ）に位置する三浦郡横須賀村（現神奈川県横須賀市）は、その昔、海辺にぽつぽつと建つ茅葺の家に漁民が住む「寂寥たる一寒村」にすぎなかった（井上鴨西『横須賀繁昌記』）。

そうした横須賀村と対称的だったのが、三浦半島東部の浦賀村（現横須賀市の東部）だった。浦賀村は江戸時代より干鰯《ほしか》問屋、廻船《かいせん》問屋で繁栄し、幕末には浦賀奉行所も置かれた。天保一二年（一八四一、「天保改定」）の浦賀村の戸数は、二〇一二戸の横須賀村に対し、東西浦賀・分郷を合わせて一一四六戸だったから、桁違いの繁栄ぶりである（間宮士信等編『新編相模風土記稿』）。もちろん横須賀村の戸数を見る限り、一概に「寒村」とは言えないが、浦賀村の突出した発展ゆえに横須賀村の「寒村」ぶりが際立つのであろう。

さらに「寒村」のイメージを増幅させたのが、険しい地形である。東海道を分岐して浦賀村へ通じる二本の浦賀道のうち、東海岸を南下する「金沢道《かなざわみち》」は、六浦《むつうら》（現横浜市金沢区）あたりから急峻な山と、いくつもの谷戸《やと》を越える険《けわ》しい道に姿を変え、横須賀村へ通じていた。このため旅人らは、東京や金沢（現神奈川県金沢区）から、海路を経て浦賀に直接向かうことも少なくなかったというから、いささか〈陸の孤島〉の感は否めない。急峻な崖は海岸まで迫り、村人は十分な耕作地を得られないため、痩せた海岸を埋め立て耕作するか、漁業との兼業の道を選ばざるを得なかった。

現在の京浜急行横須賀中央駅東口改札前は、文化・文政期（一八〇四〜三〇）には海が広がっていたとされるから、横須賀村がいかに狭い村であったか想像できる。近代以前の横須賀とは、そんな「村」だったのである（図2）。

異国との対峙——ペリー来航

東インド艦隊司令長官マシュー・ペリー率いる四隻の艦隊が浦賀沖に姿を現したのは、嘉永七年（一八五四）七月のことだった。この時、三浦半島における開国の舞台は浦賀村にあり、横須賀村はまだ泰平の眠りの中だった。

ペリー来航直後、江戸幕府は「鎖国」下にあって、西洋唯一の交易国オランダに、西洋

図2　浮世絵に描かれた明治初期の横須賀（小林清親『日本名勝図会』より，国立国会図書館所蔵）

式軍艦を発注するとともに、水戸藩と浦賀奉行に西洋式軍艦の建造を命じ、「鎖国」体制の一つの柱である「大船建造之禁」を解いた。このことは「鎖国」体制を自ら解体したと同時に、幕府が西洋列強に対峙する姿勢を諸藩に示した点で重要な意味があった。これにより雄藩らは、軍艦の建造（購入）が可能となった。

浦賀村には急遽「造船所」が設置され、中島三郎助《なかじまさぶろうすけ》（奉行所与力）らに命じて、わずか七か月で西洋式軍艦「鳳凰丸《ほうおうまる》」を完成させた。この艦は船体の長さ約三六メートル、幅約九メートル、三本マスト、大砲一〇を据えた国内初の「本格的様式軍艦」であった。しかし、幕府が希求した輸送能力を満たすまでには至らず、幕府海軍建設の「試金石」としては、必ずしも高い評価を得られなかった。とはいえ、諸藩の洋式軍艦建造技術の向上に果たした役割は十分に評価できよう（神谷大介『幕末の海軍』）。

本格的造船所建設の急務

「大船建造之禁」が解かれたため、各藩では早速、海軍の創設に取り組んだが、軍艦の多くは諸外国からの購入で賄われた。軍艦建造に伴う多額の設備投資と時間、技術的な問題がその理由である。

ところが、日本人も、開港以来急速に海外の知識を吸収し経験を積んできたから、列強いる不条理に気がつき始めた。財政厳しい幕府や各藩が、藁《わら》をもつかむ思いで購入した軍艦や兵器の多くは、十数年も前の型落ちや廃艦直前のボロ船であり、これらを高額で売りつけられていたのである。こういった経緯から、幕府は艦艇の国産化に踏み出した。その際、幕府は造船所の建設で職人などに支払う賃金が人びとの生活を潤すことになるものと捉えていたことは興味深い（勝海舟『海軍歴史』）。

F・L・ヴェルニーの登場

慶応期（一八六五〜六八）まで、幕府や諸藩が外国から高額で購入していた軍艦（輸送船も含む）および国産艦艇数は表1のとおりである。

軍艦の国産化については、幕府も諸外国公使へ相談していたが、アメリカは国を二分する南北戦争（一八六一〜六五）の真っ只中にあり、イギリスも薩英戦争後、薩摩と接近していた。そのため、頼れる相手はフランス以外に残されていなかった。当時幕府は、購入した老朽軍艦の修理に頭を悩ませていたが、イギリスとの関係を強く意識していたフランスに相談すると、次第に幕府側に歩み寄りを見せた。

本格的な造船工場建設に傾いた幕府は元治元年（一八六四）、着任したばかりのフランス公使レオン・ロッシュ公使に技術者の紹介を求めたが（一一月三日）、全面的な技術動員を求めたわけではなかった。むしろ、フランス海軍レベルの造船所建設を提案したロッシュの方が前のめりだった。このため幕府は財政多難のなか、施設規模を拡大し、小規模な作業所（艦船修理工場）を横浜に建設するという条件をのまざるをえなかった。

…船含む）および購入国別一覧

	英	米	蘭	仏	独	日	不明	計（隻）
幕府	15	13	4	0	2	11	0	45
諸藩	57	17	2	1	0	14	2	93
計	72	30	6	1	2	25	2	138

…第1巻（1995年）より作成.

しかし幕府の対応は従来になく早く、ロッシュに対し、幕府が小栗《おぐり》上野介《こうづけのすけ》忠順《ただまさ》（勘定奉行）、栗本鋤雲《くりもとじょううん》（監察・元外国奉行）、浅野《あさの》美作守《みまさかのかみ》氏祐《うじすけ》（外国奉行）を通して造船所建設の正式な協力依頼を伝えたのは、同年一一月一〇日のことだった。

これを受けロッシュは、当時上海で船を建造していた一人の造船技師を紹介する。レオンス・ヴェルニーである。ヴェルニーはフランスのオブナ出身、パリ理工科大学を経て海軍造船

表1　幕府・諸藩所有艦船（輸送

	幕府	諸藩（19）	計（隻）
軍　艦	11	16	27
運送船	34	77	111
合　計	45	93	138

（出典）　海軍歴史保存会編『日本海軍史

学校に進学、卒業後は海軍技師として活躍、その後、上海に赴任し、六隻を建造して帰国準備を整えていた。任務を受けた彼は翌年正月に急遽来日、小栗らとともに製鉄所建設の主軸となっていく。

「横須賀」という選択

横須賀の新しい歴史が始まろうとしていた。来日したヴェルニーは、建設資材の調達のため一時帰国したが、ロッシュらは造船所建設予定地の選定に取り掛かった。幕府側は事前に建設候補地を絞り、小栗と栗本はロッシュに面会して、「相模国《さがみのくに》貉《むじな》ヶ《が》谷《や》」（現横須賀市長浦）の地を最優先の候補地として示した。現在の長浦湾に面した静かな湊の村である。

元治元年（一八六四）一一月二六日、小栗、栗本、木下謹吾（軍艦奉行）、レオン・ロッシュ、バンジャマン・ジョレス（海軍提督）ら、幕府とフランスの合同候補地調査が行なわれた。造船所建設提案から候補地視察まで、わずか一か月に満たない幕府の迅速な対応は異例ともいえ、幕府側の建設への強い意気込みと焦燥感が伝わってくる。

ところが、一行を乗せた幕府軍艦「順動丸」が候補地の一つである長浦湾を調査すると、湾内に浅瀬があることが判明した。これでは大型艦船の進水、艤装に造船作業に支障をきたす。しかし、浚渫《しゅんせつ》作業には技術的にも時間的にも困難と考えたのであろう。そこで現在の吾妻半島の向こうにある二つ目の候補地「横須賀」に目をつけた。

横須賀湾は小さな屈曲した地形が特徴的である。彼らが投錨すると適度な深度も確保できた。どうやらロッシュは母国フランスの軍港ツーロンに似ているとの感想を持ったようだ（横須賀海軍工廠編『横須賀海軍船廠史』第一巻）。この瞬間、泰平の中に眠っていた横須賀村の未来が動き出した。こうして横須賀は造船所の仮建設地とされ、一二月二日に軍艦方長田清蔵《ながたせいぞう》らの再調査を経て、この地に製鉄所を建設する旨正式に御沙汰が下った。

横須賀への反対論

では、幕府はなぜ長浦湾（「貉ヶ谷」）を候補地に挙げたのだろう。元治元年（一八六四）一一月に小栗上野介がロッシュに提出した書類では、（一）江戸に近いこと、（二）荒天時に艦船の避難場所となり得ること、そして、（三）防衛上の理由から観音崎・富津両台場の内側にあること、を条件にしていたようだ（「御軍艦所之留」）。

しかし、当時幕府内には、フランスでなく、オランダとの技術協力により造船所建設を進める動きもあった。その計画に基づき、造船機器購入の目的で候補地調査の前日に渡欧していた肥田浜五郎《ひだはまごろう》らは、オランダ滞在中に突然の横須賀設置を知り、猛烈に反駁《はんばく》した。肥田は横須賀ではなく、江戸の石川島《いしかわじま》（現東京都中央区南東部）や越中島《えっちゅうじま》（現東京都江東区西部）がふさわしいと考えていたからである（前掲『海軍歴史』）。横須賀は奥行きがなく海上から攻撃を受けやすいが、石川島は「東京湾」最奥部にあり大砲の威力が及ばない、というのが肥田の考えであった。オランダなどの軍港の歴史を学び、欧米視察を繰り返して知見を得た彼の主張には説得力があった。肥田は慶応二年（一八六六）八月に帰国すると、製鉄所の位置に改めて猛然と反対したが、時すでに遅く、横須賀での製鉄所の建設工事は進んでいた。

製鉄所建設と地域

用地と労働力の確保

慶応元年（一八六五）九月二七日、製鉄所敷地の設営工事が始められた。選定地にあたる内浦・白仙・美賀保の三ヵ所が埋め立てられ、陸地部分でも「七万四千三百五十九坪強ノ地」（約二四・六ヘクタール、東京ドーム五・二個分）が必要となった。予定地には漁農民二二戸が居住していたが、幕府は移転料として総額で三〇九八両余を支払い、この地を獲得した。一坪につき最高で金三両と永一〇〇文、最低でも金二分一四五文余、金額は横浜開港に際し買収した土地の代価として支払われた前例が参考にされた。

問題は労働力の確保だった。船渠《せんきよ》（ドック、修理や造船を行なう）が二基、船台（造船用の台座）が三基建設される予定であったから、フランス人技術者四〇名、邦人二〇〇〇名以上の労働力が必要とされた。しかし幕府の財政ではなかなか難しい。このため小栗らは「寄場人足《よせばにんそく》」の労働力に期待した（「横須賀製鉄所一件　一」）。

彼らを収容する人足寄場は、人別帳から外された「無宿人」や罪人を収容し、労役による更生を目的とした施設であり、江戸石川島にあった。その中から二〇〇人を横須賀へ派遣して製鉄所建設に従事させるという計画だった（実際には一一一人）。その際、幕府は人足らに規定の衣服をあてがい、これを各村に周知させたが、それは人足が脱走した場合、村民の判断でいち早い捕縛が可能になるための処置であった、地域住民にも監視の役割を課したわけである。

こうして寄場人足と幕府の請負人足とが主な役夫となり、フランス人技師の指導の下、製鉄所建設が進められた。ところが次第に寄場人足に病人が増え、工事の進捗に支障をきたすようになった。しかも彼ら寄場人足の必要経費を計算すると、請負人足の賃金とほぼ変わらず費用節減にならないことがわかったため、翌年一月には寄場人足の使役を中止して、請負人足に替えられた（横須賀海軍工廠編『横須賀海軍船廠史』第一巻）。

横須賀のフランス人

下火とはいえ、慶応改元後もなお、国内では攘夷論に基づく排外行動は続いた。製鉄所建設中の横須賀も例外ではなく、フランス人と日本人が共に働く現場は、排外主義の格好の標的となり得た。幕府の「製鉄所設立原案」はこの点に触れ、衛所を設置してフランス人の警備にあたり、「万一ノ不慮」を慮り、（一）フランス人に危害を加えるものに対しては村人に捕縛させ、（二）衛所を増設、見張場を設置した。しかし、（一）については煩雑を避けて村人に権限を委譲し、（二）については幕府が衛卒を置かず、同地の預所である佐倉藩主（堀田《ほった》正倫《まさとも》）に負担させるなど、幕府の厳しい財政事情を反映している。

横須賀のフランス人技術者たちは、敷地内の一部が柵で囲われた「フランス人居住区」で生活した。居住区内には、表2に見られるような、洋風官舎・住居のほか、馬場として利用された中央広場や集会所、天主堂などが配置され、南と北の高台には首長（レオンス・ヴェルニー）官舎と副首長（クロード・ティボティ

その後（明治以降）
鎮守府主計部・監督部・経理部
軍港司令官官舎→造船工練習所教場→工廠長官官舎→技手養成所事務所→参考品陳列所（昭和11年）
鎮守府司令長官官舎（～大正２年）
機関学校技手練習所→造船工練習所→会計部庁舎→解体（明治45年）
二戸建官舎→知港事官舎（９・10号）・衣料科女工事業場
鎮守府庁舎建設（～明治20年）で解体か
失火再建（明治６年）→待賓所（明治８～43年）
日本人の学校施設→閉鎖（明治13年）→中里教会（部材使用）

作成.

表２　フランス人居住区内の主な建物とその後

建設物名称	棟数	構　造	建　坪
首長官舎	1	石造二階建	89,825
副首長官舎	1	木造平屋	—
医官官舎	1	石造平屋	52,85
課長官舎	2	木造平屋	94,608
妻子同行頭目以下の官舎	4	木造平屋	66,822+ 37,515
頭目以下の官舎	2	木造平屋	42,305
集会所	1	木造二階建	74,097
小学校（天主堂）	1	木造平屋	80,014

（出典）　横須賀市編『新横須賀市史』別編・軍事（2012年）

エ）官舎がそれぞれ配された。

これはいわば横須賀の「フランス租界」（フランス人居留地）であり、この敷地内にあった日本人官吏居住区との区別化を図ることで、技術者らに一定の精神的安定を与える目的があり、技術者らを日本に引きとめるためのヴェルニーの配慮であったようだ。

では、この居住区が排他的かと言えばそうではなく、祭礼日には広場で「日仏合同運動会」も開催され、地域住民やフランス人技術者らとの交流もあった（『新横須賀市史』別編・軍事）。製鉄所の医官として赴任したポール・サヴァティエは、フランス人のみならず、幕府関係者や製鉄所職工、横須賀村などの住民にも診察や治療を行なっていたという。

慶応三年（一八六七）に日本に一か月ほど滞在し、『北京―江戸―サンフランシスコ』

を記したリュドヴィック・ド・ボーヴァワールは、建設中の横須賀を訪問した際、父のパンチエーヴル公が、横須賀でのフランス人と日本人との関係は「円満」であり、「家族ぐるみの接触」が建設工事を円滑にさせていると述べたことを記しているから、当時は大方円満な両国関係が続いていたのであろう（富田仁・西堀昭『横須賀製鉄所の人びと』）。

幕末期、きわめて狭い地域に単一国だけの外国人が多数生活していた例は少ない。開港場だった長崎や横浜は欧米各国の人びとで溢れたが、幕府の威信を賭けたプロジェクトのために、単一国家が独占的に関与していたケースは横須賀以外に存在しない。横須賀製鉄所は、幕末期の列強と開国直後の日本との微妙な緊張感のなかで建設されたのである。

戊辰戦争下の横須賀製鉄所

慶応三年（一八六七）一〇月一四日に将軍徳川慶喜が大政を奉還すると、一二月九日には薩摩藩・長州藩と一部の公卿らが主導した王政復古の大号令が発せられ、新政府の樹立が宣言された。慶喜には辞職と幕府領返納が命ぜられ、これに反発した旧幕府軍と新政府軍との間で、翌年一月二日より一年五か月に及ぶ戊辰戦争が始まった。

戊辰戦争下でも、依然として製鉄所の建設工事は継続された。慶応四年正月一九日、幕府は米倉丹後守昌言《よねくらたんごのかみまさこと》（武州金沢藩主）と阿部駿河守正恒《あべするがのかみまさつね》（上総佐貫《さぬき》藩主）を製鉄所奉行に任じ、建設中の製鉄所の警護を命じたが、東征軍はすでに京を発し、大勢は決していた。このため三月五日、幕府はお雇いフランス人らの身を案じ全員の横浜退去を提案したが、首長ヴェルニーは公使ロッシュと協議のうえ、製鉄所建設はフランス政府の担保であることと、建設以来受け入れてきた外国船の修理を理由にこれを拒絶、万一の場合を考慮し、フランス軍艦の横須賀湾派遣を命じたが、その矢先に幕府が瓦解し、四月一一日には江戸城が新政府軍に引き渡された（前掲『横須賀海軍船廠史』第一巻）。それからほどなくして製鉄所に関するいっさいの施設と雇用フランス人、水火夫《すいかふ》、職工らを新政府が引き継いだ。

製鉄所は四月二六日、外国人の干渉を回避するため、神奈川裁判所の管轄下に置かれた。その後も一定の作業は継続されたが、明治政府は建設中の製鉄所を今後いかにして管理、使用していくか具体的なプランを持っておらず、明治二年（一八六九）一〇月には民部省、さらに大蔵省へ、また一年後の翌三年閏一〇月には工部省へと、次々に移管された。

鍬入《くわい》れからこの日まで二年余りの間に完成した船艇は、「三十馬力小汽船」（「横須賀丸」）と「十馬力小汽船」、機械昇降用の鉄船や端船や伝馬船数艘にすぎず、悲願の国産軍艦の完成には至らなかった。しかし、鎖国体制下にあった日本が、開国以降、欧米に抗するべく海軍の創設を目指し、本格的な造船所の建設に取り掛かったことが、近代国家を志向する日本の決意の固さを世界にアピールすることとなった。

図3　明治初年の横須賀造船所船渠

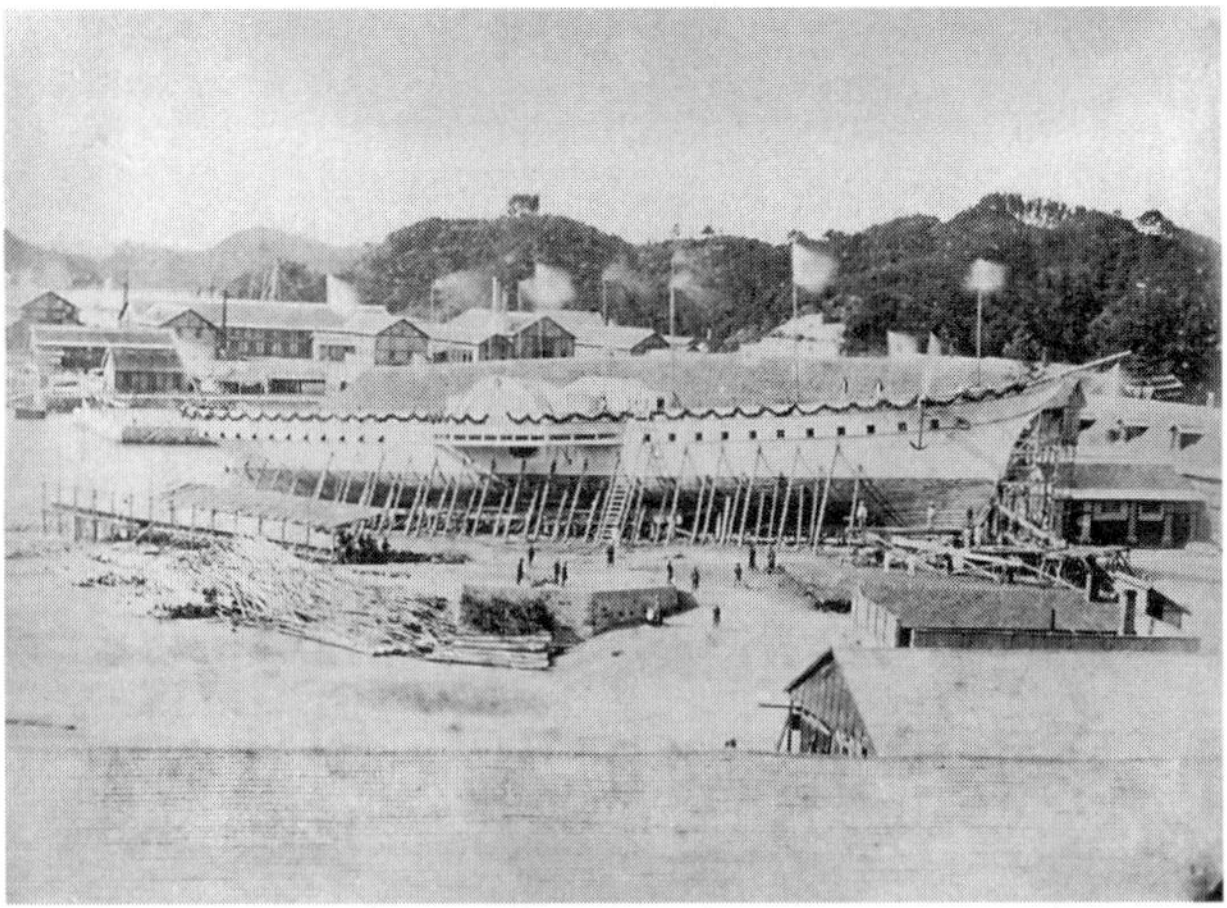

図4　横須賀造船所で進水式を待つ軍艦「迅鯨」
（宮内庁書陵部所蔵）

フランス人から習得した技術を、将来的に日本人がこれを引き継ぐためには技術教育の場が必要であった。このためヴェルニーは製鉄所内に教育の場を設けるべく幕府に意見書を提出していた。これを受けて幕府は伝習生として横浜語学所から四名を選抜、さらに職工生徒を横須賀村周辺から公募したところ一〇歳以上の少年九名がこれに応じた。この教育機関は慶応四年（一八六八）に一時廃されたが、明治三年（一八七〇）に再編され、「黌舎《こうしや》」として復活した。

技術教育と「黌舎」

黌舎の第一期生は、佐波一郎《さばいちろう》、山口辰弥、川島忠之助ら八名だった。佐波は佐倉藩士の次男として江戸に生まれたが、一四歳の時にに横浜で仏語学習伝習所に入所、黌舎では数学、物理学、造船工学などを学んだ。山口も江戸の生まれで、のちに鎮守府造船部長、横須賀海軍造船廠《しようちよう》長など、海軍の造船部門で重要なポストに就任している。

黌舎での授業はフランス語による直接教授だった。フランス語を学んだ経験があったのは佐波のみで、いずれもフランス語に堪能だったわけではない。その佐波でさえ、「手真似口真似にて互《たがい》に意味を通じ得たるは、寧《むし》ろ不可思議と謂《い》うべし」と述べており、技術の習得以前に、言葉の障壁を乗り越えるための非常な努力がなされたことが想像される。のちに彼らはここで学んだ技術を各方面に伝え、横須賀造船所の存在意義を高めることとなった。

近代技術発祥の地

表3は、横須賀製鉄所時代から横須賀造船所・横須賀鎮守府造船部時代に、造船技術の伝播に貢献した主な技術者・技師らを示している。

彼らの多くが、横須賀村外から主として製鉄所のために集められた、もしくは集まって来た者たちである。なかでも注目すべきは、古川庄八や山下岩吉といった塩飽《しわく》諸島出身者の存在である。塩飽と言えば瀬戸内海の交通の要衝であり、戦国時代に水軍が活躍したこ

前歴など	備考
長崎海軍伝習所・幕府留学生(蘭)・五稜郭の戦い	
浦賀で船大工修行・「鳳凰丸」建造に従事・長崎海軍伝習所(1期)・咸臨丸で渡米	
咸臨丸(乗組鍛冶)	
長崎海軍伝習所・軍艦操練所・幕府留学生(蘭)・「開陽丸」艤装・榎本らと帰国	
仏語伝習所・パリ万博随行・沼津兵学校仏語教授方手伝・仏留学	『小学農用化学』(翻訳)
昌平黌・長崎海軍伝習所(2期)・咸臨丸(機関方士官)	
御軍艦組一等士官・五稜郭守備	
長崎海軍伝習所(1期)・「咸臨丸」・軍艦操練所教授方・浦賀奉行同心	勝海舟『海軍歴史』編纂
長崎海軍伝習所・海軍操練所・幕府留学生(蘭)・五稜郭の戦い	単光旭日章
	工学博士
仏語学伝習所	「没積重量復原点下船之中心算法表」
横須賀製鉄所製図工見習い	
幕府海軍・「富士山」機械方士官・「回天」機関長・五稜郭の戦い	

見た明治期の横浜正金銀行」(2012年), 横須賀市民文化財

表３　横須賀製鉄所・造船所の主な技術者たち

氏　名	出身・前職	生没年	横須賀製鉄所・造船所での職歴とその後
辰巳一	金沢藩（藩士）	1857－1931	海軍省主船局・横須賀鎮守府造機課長・佐世保造船廠長
上田寅吉	伊豆戸田村（船大工）	1823－1891	横須賀造船所工場長・海軍一等技手・船渠工場長
鈴木長吉	伊豆河津（船大工）	1818－1872	造船所船渠工場頭（造船三等中手）
小林菊太郎	江戸築地（鍛冶職）	－1889	造船中手（12等官）・錬鉄工場長（技手一等）
山下岩吉	讃岐国塩飽高見島（水夫）	1841－1916	海軍教技所２等教授・海軍一等工長・横須賀造船所製帆工場長
熊谷直孝	江戸麻布（幕府医師子）	1850－1942	工部省造船中師・黌舎教授・黌舎舎長・海軍造船工学校教授
岡田井蔵	江戸（幕臣四男）	1837－1904	造船少師・主船中師・製図掛機械部主任・機械課工場長
内藤実造	浦賀奉行組与力次男	生没年不詳	造船大手・主船少師・海軍三等師・造船課工場長・海軍一等技手
浜口英幹	八丈島樫立	1829－1894	造船少師・海軍一等師・海軍三等技師・海軍少技監
古川庄八	讃岐国塩飽瀬居島（御用水夫役）	1835－1912	造船・製鋼・船具各工場長・造船科主幹・海軍技師・浦賀船渠会社船渠長
山口辰弥	江戸（幕臣）	1856－1927	黌舎第一期生・仏国留学・造船課員兼黌舎教授掛・海軍一等師・海軍権少匠司・小野浜造船所所長・横須賀鎮守府造船部長（廠長）・造船総監・浦賀工場所長
佐波一郎	江戸小川町（佐倉藩士）	1855－1937	黌舎第一期生・黌舎教授掛・海軍一等工長・海軍技師・高等官三等・帝国酸素顧問
川島忠之助	江戸（飛騨代官手代次男）	1853－1938	黌舎第一期生・海軍省主船寮・大蔵省・ブリューナ通訳・横浜正金銀行取締役
渡辺忻三	浦賀奉行組与力次男		主船上師・海軍兵学少教授・横須賀造船所次長・鎮守府造船部次長・機技総監浦賀船渠会社取締役

（出典）　横須賀市編『新横須賀市史』別編・軍事（2012年），寺嵜弘康「川島忠之助資料から
団編『続・横須賀人物往来』（1999年）より作成．

とでも知られるが、造船技術に長けた船大工も少なくなかった（「塩飽大工」）。彼らのなかには造船所の職工として横須賀に移住する者もいたが、その後、広島県呉《くれ》に造船部（のち呉海軍工廠《こうしょう》）が設置されると、その多くが呉への転勤に応じた。郷里に近いというのがその理由だという（『呉市史』第三巻）。このような職工らを通じて呉へも木工などの造船技術が伝えられており、横須賀は、近代化のための人材供給源としての役割も担っていたのである。

横須賀村の人びと

製鉄所の建設に伴い、横須賀村や周辺村々の有力者も動き出し、横須賀村は急速に活気づいた。

地元横須賀村の名主《なぬし》永嶋卯兵衛は、製鉄所建設に際し、同じ三浦郡内の公郷《くごう》村名主の永嶋庄兵衛、走水《はしりみず》村の名主飯島宋左衛門とともに、砂利など建設資材の納入を請け負った。横須賀村に隣接する公郷村の永嶋家は、中世に活躍した三浦氏の末裔でもあり、名主の永嶋庄兵衛は三浦郡きっての実力者であった。永嶋家は川越藩所領時代の文化二年（一八〇五）に名主として名字帯刀を得たほか、同四年には「郡中取締役」という相州領全般を統括する役目を任じられていた（『新横須賀市史』通史編・近世）。また公郷村は海に面していたため浜代官《はまだいかん》をも兼任し、代々「庄兵衛」の通称を世襲した。屋敷が田戸にあったことから「田戸庄」とも称されて、島崎藤村の『夜明け前』にも「公郷の古い屋敷」として登場している。

庄兵衛は幕末には御台場用石材の納入を請け負っており、その経験が買われ、後述する東京湾の海堡《かいほう》（海上に建設された砲台）の建設工事も請け負った。その関係で初期の陸軍ともつながりがあったようだ。庄兵衛は豊島村村会議員、横須賀市参事会委員などの職を歴任、明治二七年（一八九四）には第三回衆議院議員選挙に立候補したが惜しくも落選している。同郡公郷村田戸（現横須賀市公郷）の屋敷跡には今も「赤門」が残されており、横須賀自然・人文博物館所蔵の「永嶋家文書」は、当時の横須賀を知るうえで貴重な資料である。

大津村名主から初代三浦郡長に就任した小川茂周《おがわしげちか》（一八三五〜一九〇二）や、鴨居村の御用商人《ごようしょうにん》高橋勝七（「若松屋」）も、製鉄所建設を契機に浦賀方面から横須賀村に進出してきた人物である。高橋は、鴨居村を拠点として浦賀町会議員、浦賀町長、三浦郡会議員、同郡会議長を歴任、日露戦争後の明治三七年には衆議院議員となった。横須賀村の発展にいかに周辺地域の有力者が関わっていたかについては、「若松町」（高橋の屋号）、「小川町」（小川茂周の姓）など、埋立て地の名称に彼らの姓や号が付されていることからもわかる。両町に以下で触れる大滝町を含めた地域が現在、横須賀の中心街となっている。

製鉄所建設作業には横須賀村や周辺の村々の住民が関わり、このほかにも砂利などの建設資材の輸送を請け負った和泉与兵衛（横須賀村）や、建設初期に製鉄所内の学校建設を請け負った浦賀奉行所付大工棟梁の伊藤金太郎と配下の大工などが知られる（横須賀市役所市長室広報広聴課編『横須賀人物往来』）。

このように、製鉄所建設が周辺の地域住民を刺激し、「寒村」だった横須賀村も、次第に賑わいを見せていった。造船所の拡張に伴う街の開発は、海軍ではなく、以上のような横須賀村周辺の人びとが主体となって進められていったのである。

大滝遊参所の設置

軍都や軍港・港町に「つきもの」とされる遊廓は横須賀にも存在したが、もともと港町ではなかった横須賀村の場合、ほかとは設置経緯が異なり、製鉄所建設のため滞在したフランス人の要請で設置された「外国人向け遊参所（大滝遊参所）」を前身としている。

製鉄所建設中、フランス人が周辺の農村に勝手に侵入して酒や食事を求めたり、横浜から身元不確かな女性を連れてきて近くに住まわせるといった事件が相次いだが、ほどなくして、彼らから幕府に対して「抱女《かかえおんな》」（雇妾《やといめかけ》）の許可を求めるようになった。幕府側が対応に苦慮していると、今度は首長のヴェルニーが遊参所の設置を直接幕府に願い出たため、取締りを急ぐ立場から、幕府もこれに応じざるを得なかった。

遊参所の建設には、先に紹介した各村の有力者が関わった。慶応元年（一八六五）一二月に遊参所設置の許可が幕府から降りると、横須賀村名主の永嶋卯兵衛と公郷村名主の永嶋庄兵衛が請負願を幕府に提出、埋立て工事に取り掛かった。場所は現在の大滝町辺りに相当するが、ここは当時は崖に面した狭い「畑地」（市兵衛所有・二二〇坪）があっただけで、ここを永嶋庄輔が借用し、同地を両者が自費で埋め立て、完成後は両者で経営管理するという契約だった。ただし卯兵衛の土地は高橋勝七の預かりだったから、事実上は永嶋・高橋両者がこの土地の地主であったことになる（吉田ゆり子「外国人遊参所と横須賀」）。

遊参所は慶応四年八月の開業当時から、江戸時代の周囲を囲った「廓」の形態を取っていたようだ。明治以降も経営は継続したが、「外国人遊参所」としての運営は次第に困難となり、明治五年（一八七二）一〇月の「娼妓解放令」（公娼制度廃止）と相俟って経営難に陥った。しかし、日本人客の増加から次第に息を吹き返し、後述するように明治一九年当時で二一軒を連ねるまでに発展することになる。

遊参所は現在の横須賀市の中心街である大滝町辺りに位置していたが、その名残はない。十分な検証が必要だが、遊参所建設のために埋立てを実施していることからすれば、この花街が現在の大滝町の基礎になったと考えることもできるだろう。

海軍水道の始まり

近代以前、江戸のような高度に発展した巨大都市を除けば、人びとの生活は飲料と作物を育てるための生活用水を確保する井戸があれば一定の生活ができた。ところが、安政五年（一八五八）の横浜開港後、製鉄所の建設とともに外国艦船の修理も担当した横須賀では、飲料水はもちろん、ドック入渠《にゅうきょ》後の船体や艦底洗浄のために、大量の淡水（真水）を必要とした。幕府関係者たちは、造船所がこれほどの淡水を必要とすると想像もしなかっただろう。

水利が悪いことでも知られた横須賀であったが、製鉄所建設中は敷地内の湿ヶ谷の湧水《ゆうすい》や溜池で賄ったものの、淡水不足の解消が喫緊の課題であることに変わりはなかった。ヴェルニーは、建設中に三浦郡走水村の水源情報を得ると、明治六年（一八七三）海軍大丞兼主船頭となった肥田浜五郎と協議のうえ、海軍卿の勝海舟にこの水源の利用と造船所までの水道管買入を上申、許可を得た（横須賀海軍工廠編『横須賀海軍船廠史』第一巻）。

製鉄所のある楠ヶ浦（現米海軍横須賀基地内）から走水までは、総延長約七キロの距離がある。翌七年一月までに樋管通路の実測を終え、東京と横浜から土木請負人を集めて入札を行ない、長島町（現横浜市）の北村市次郎が工事を請け負った。ただ、この水道はあくまで製鉄所への給水であって、地域住民へ分水されて恩恵を蒙るのは、市営水道への供給を開始した明治四一年一二月以降のことである。

海軍省へ　明治四年一月（一八七一）、慶応三年（一八六七）三月に起工した船渠（第一船渠）が、四年一一か月を経て開渠した。艦船の修理や船艇清掃、造船工事をも可能とする乾船渠（ドライドック）は、製鉄所（造船所）にとって不可欠だった。このため同年二月八日の開渠式は、民部卿の有栖川宮熾仁親王《ありすがわのみやたるひとしんのう》、大蔵卿伊達宗城《だてむねなり》、参議大隈重信・佐々木高行らを迎え、盛大に行なわれた。この船渠は現在もなお稼働中であり、国内初の石組船渠として日本遺産構成文化財（鎮守府）の一つとなっている。

同年四月七日には、横須賀製鉄所を横須賀造船所、横浜製鉄所を横浜製作所と改称して、引き続き工部省が管轄した。工部省が依然として製鉄所の管理に固執したのは、造船所が単に造船や修理のためのものではなく、省が掲げる殖産興業の担い手として期待されたからである。このため工部省は造船作業を継続しつつも、「工部省質問生及伝習生外国留学規則」を定め、鉱山、製鉄、造船、諸建築に従事する生徒の海外技術留学を検討していた（鈴木淳編『工部省とその時代』）。

その後、明治五年一〇月八日に横須賀造船所と横浜製作所が海軍省に移管されると、翌六年二月五日には、海軍省から艦船修理の軍艦優先が命じられ、国内初の国産軍艦建造計画が具体化されていくのである。

図5　国産第一号軍艦「清輝」

悲願の国産軍艦第一号「清輝」！

明治八年（一八七五）三月五日、悲願の国産軍艦「清輝《せいき》」が進水した（図5）。「清輝」は木製の帆走スループ、排水量は八九七トン、垂線間長は六一・一五メートルと、前述の「横須賀丸」と比べると二倍以上の長さがある。進水式は行幸で行なわれ、明治天皇は共奉員とともに横浜から御召艦《おめしかん》で到着すると、肥田ら判官以上と首長ヴェルニーらフランス人技師らが奉迎し、その後、ヴェルニーらの案内により造船所内を見学した。会場には、太政大臣三条実美《さんじょうさねとみ》、右大臣岩倉具視《いわくらともみ》、参議大久保利通ら三〇〇人が参列。明治天皇は、海上に用意された玉座から盛大な「御船卸式」を見守った。天皇からは製鉄所官吏らに酒饌料が、技術吏員および職工らには酒肴が、フランス人技師らには白紋縮緬《ちりめん》などの織物のほか、金円を下賜されるなどの激励ぶりであった。このことは、旧幕府時代以来、国産軍艦の建造がいかに日本にとって悲願であっ

表4　横須賀造船所建造艦船（～明治21起工分）

艦船名	艦　種	艦船材	進　水	竣　工
第一横須賀丸	曳船	木製	—	明治元年3月
〔小蒸気船〕	通船	木製	—	明治元年3月
横浜丸	通船	木製	明治2年10月	明治3年6月
蒼龍丸	御召船	木製	明治5年5月	明治5年8月
第一利根川丸	兵学校練習船	木製	明治5年3月	明治6年12月
函容丸	運送船	木製	明治6年10月	明治8年3月
第二利根川丸	通船	木製	明治6年12月	明治8年9月
清輝	二等砲艦	木製	明治8年3月	明治9年6月
迅鯨	御召艦	木製	明治9年9月	明治14年8月
天城	二等砲艦	木製	明治10年3月	明治11年4月
磐城	二等砲艦	木製	明治11年7月	明治13年7月
海門	海防艦	木製	明治15年8月	明治17年3月
天龍	海防艦	木製	明治16年8月	明治18年3月
第二横須賀丸	曳船	木造	明治14年5月	明治13年7月
岩内丸	曳船	木造	明治13年7月	明治13年11月
菊池丸	小蒸気船	木造	—	明治15年1月
水雷艇第一号	水雷艇	—	明治13年11月	明治14年5月
日吉丸	小蒸気船	木製	—	明治15年6月
牛若丸	小蒸気船	木製	明治16年3月	明治16年7月
葛城	三等海防艦	鉄製木皮	明治18年3月	明治20年1月
武蔵	三等海防艦	鉄製木皮	明治19年3月	明治21年1月
小鷹	水雷艇	鋼製	明治20年1月	明治21年8月
愛宕（初代）	二等砲艦	鋼外板鉄製	明治20年6月	明治22年2月
高雄（初代）	三等海防艦	鋼外板鉄製	明治21年10月	明治22年11月
八重山（初代）	通砲艦	鋼製	明治22年3月	明治23年3月
橋立（初代）	二等巡洋艦	鋼製	明治24年3月	明治28年6月

（出典）　横須賀海軍工廠会編『横須賀海軍工廠外史』改訂版（1991年）より作成.

たかを物語るものである。国内ではまだ不平士族や反政府運動、征韓への動きが収まらず、国外では欧米列強のアジア進出が高まるなか、日本の海軍力、軍艦建造能力を国内外に示したのである。

開国以降、横須賀で始まった幕府の本格的な造船所建設「プロジェクト」は、明治政府のもとでひとまずの達成を見た。「寒村」だった横須賀村は、近代海軍の一歩とともに軍港都市としての道を歩み始め、以降、横須賀造船所では表4のように軍艦建造が進められていくのである。

横須賀鎮守府の設置と軍港の建設――〈軍港都市〉の形成

鎮守府が横須賀へ

横浜の東海鎮守府《ちんじゅふ》が横須賀造船所内に移転し、横須賀鎮守府と改称したのは明治一七年（一八八四）一二月のことだった（図6）。「鎮守」とは、ある特定の地域を争いや疫病などから鎮め守ることを意味する。海軍の官衙を意味するようになったのは、日本が近代国家として軍隊を保持してからである。江戸時代後期から日本列島周辺に出没し、脅威以外の何物でもなかった異国船から「四海ヲ鎮定」する意味では、これ以上ふさわしい名称はないだろう。

初代鎮守府長官には、東海鎮守府長官だった海軍中将の中牟田倉之助《なかむたくらのすけ》がスライド就任した。以降このポストからは岡田啓介と米内光政《よないみつまさ》の二人の内閣総理大臣が輩出された。

鎮守府の移転は新聞紙上でたびたび報じられたが、横須賀町民の反応はそれほどでもなかったようだ。彼らが「鎮守府」を真に理解するのはまだ先のことで、横須賀の人びとにとっては、まだ「造船所」がすべてだったのである。

海軍教育機関の拠点

軍港横須賀に特徴的な点は、ほかの三軍港（呉・佐世保・舞鶴）と比べて、海軍官衙・術科などの教育機関が圧倒的に多く設置されていたことである。表5は昭和八年（一九三三）当時、四鎮守府所在地に設置された教育機関を示している。配分は一見不均等だが、横須賀は帝都東京に至近であり、術科を重視する海軍から鎮守府別に出される指導などが積み重ねられ、自然発生的にこのような特徴が形成されたようだ（田中宏巳『横須賀鎮守府』）。

海軍機関学校は、機関科士官養成生徒教育を行なう海軍省直属の機関であり、呉の海軍兵学校と並び称される、横須賀の看板学校でもあった。大正一二年（一九二三）の関東大震災で被災したが、大正一五年に京都府舞鶴に移転するまで、三五期にわたって卒業生を送り出した。そのなかには中島《なかじま》知《ち》久《く》平《へい》（一五期、中島飛行機・富士重工・スバル創設者）や渋谷《しぶや》隆《りゅう》太郎《たろう》（一八期、呉工廠長・艦政本部長）、石井《いしい》常《つね》次郎《じろう》（一八期、舞鶴工廠長）、榎本隆一郎（二四期、軍需省燃料局石油部長・日本瓦斯化学工業社長）といった優秀な人材がいた（海軍機関学校海軍兵学校舞鶴分校同窓会世話人編『海軍機関学校海軍兵学校舞鶴分校—生活とその精神』）。

図6　関東大震災前の横須賀鎮守府庁舎

舞　鶴		所属
学校名	設置年	
海軍機関学校	大正15年	海軍省
—	—	各鎮守府
—	—	各鎮守府
—	—	各鎮守府
—	—	各鎮守府
—	—	各鎮守府
—	—	各鎮守府
—	—	各鎮守府

新横須賀市史』別編・軍事（1992年）より作成.
13年復活. 移転ないし同名として創設時.

表5　所在地別海軍の教育機関（昭和16年当時）

横須賀			呉		佐世保
学校名	所在地	設置年	学校名	設置年	学校名
海軍機関学校*	稲岡町	明治26年	海軍兵学校	明治21年	—
海軍砲術学校	泊町	明治40年	海軍潜水学校	大正９年	—
海軍水雷学校	田浦町	明治40年	—	—	—
海軍通信学校	田浦町	昭和５年	—	—	—
海軍航海学校	稲岡・泊町	昭和９年	—	—	—
海軍工作学校	久里浜村	昭和16年	—	—	—
海軍機雷学校（Ｔ学校・海軍対潜学校）	久里浜村	昭和16年	—	—	—
海軍工機学校	稲岡町	明治40年**	—	—	—

（出典）　百瀬孝『事典昭和戦前期の日本―制度と実態』吉川弘文館（1990年），横須賀市

（注）　*横須賀にあった機関学校は，関東大震災ののち舞鶴に移転．**大正３年廃止，
前身は省略．

「軍港」の設置

「軍港」とは軍事目的で利用される港湾のことであり、鎮守府や海軍工廠などの官衙が置かれた艦隊・軍艦を管轄する海軍の根拠地・策源地であることは、すでに触れた。明治一九年（一八八六）九月に「横須賀海軍港規則」が定められたことにより、それまで曖昧だった「軍港境域」も規定された（「公文類聚　第十編　明治十九年　第十四巻　兵制三　陸軍官制三」）。

この規則により、横須賀の港は三区に分けられた。入港から碇泊場所、出港に至るまで、すべての艦船は航海部長の管理下に置かれ、鎮守府・海軍工廠に最も近い第一区は、警戒が特に厳重で、爆発物を積載する艦船や伝染病患者が乗船する艦船の入港は許されなかった。また、軍港内沿岸の土地は、すべて鎮守府司令長官の許可なく形状を変えられなかった（同規則第一四条）。

さらに横須賀軍港内居住民の取締り上、陸上の境域が制定されていないと不都合が尠《すく》なくないとの理由から、陸域まで網羅した軍港境域が設定された。この境域は、横須賀町域はもちろん、当時まだ合併されていない〈陸軍の街〉豊島町の半分、田浦町・浦郷村全域、衣笠《きぬかさ》村・葉山村の一部までをも含む広域に及んでいた。

これまで地域住民にとっても曖昧だった軍港の概念はこうして規定されたが、同時に軍人のみならず沿岸地域住民にも軍港規則が適用され（「公文類聚　第十編　明治十九年　第

十五巻　兵制四　庁衙及兵営」)、違反者は二円以上二五円以下の罰金に処せられることになった(第一六条)。
他方、これまで比較的自由に操業できた沿岸での漁業も許可制となり、半農半漁の暮らしのうち、生活を支える柱の一つだった漁業に著しい影響を与えた。

「陸の孤島」と鉄道敷設

横須賀の特殊な地形が製鉄所(軍港)建設地に選択された理由だが、この不便極まりない「陸の孤島」と東京方面との連絡円滑化を図るべく、海軍は明治一九年(一八八六)六月に、利害が一致した陸軍と連名で「相州横須賀又ハ観音崎近傍へ汽車鉄道ノ布設ヲ要スル件」を、内閣総理大臣の伊藤博文に提出した(「明治十九年　壱大日記　六月」)。横須賀線が「軍事鉄道」と称された所以《ゆえん》である。この案は「軍略上」の緊要として、すみやかに採用された。翌二〇年五月には、敷設工事費に東海道鉄道建設費を流用して、四五万円の支出が決定した。

鉄道局は、ほぼ現在の横須賀線ルートを陸軍大臣に提案した。しかしこのルート案は、それより先の海岸沿い(現ヴェルニー公園)を通り、本町(現どぶ板通)を通過して鎮守府(稲岡町)に至る直通線を想定していた海軍と、防衛上の要地として「東京湾要塞」の砲台建設が進む観音崎《かんのんざき》への延伸を希求した陸軍を、とうてい満足させるものではなかった。

横須賀村も製鉄所の拡充に伴い急速に発展し、すでに市街地の形成が進んでいた。ここで海陸軍の要件を満たそうとすれば横断は避けられず、市街地を破壊する「大改革」を施さなければならなかった。予算の問題もあり、結局は水兵営南端（現ＪＲ横須賀駅）を終点とすることで落着したが、両省による延長要望はしばらく続いた。海軍の要請による突貫工事で、鎮守府方面ではなく久里浜《くりはま》まで延長されたのは昭和一九年（一九四四）になってからだったが、陸軍が希望した観音崎方面への延伸はかなわなかった。

敷設工事と用地買収

鉄道敷設工事用地の買収をめぐって生じた問題も少なくなかった。停車場の位置に深い関心を寄せていた逸見《へみ》村の住民は、三浦郡沼間近傍一帯の「該鉄道線路潰地を券面地価にて買上ぐる」という達しを受けたが、農地が少ない三浦郡では、明治一六年（一八八三）～一七年の不景気の際でも券面地価程度で手放す農家などなかった。このため四年を経た明治二一年になって券面額の地価で買収するなど論外であり、「五割増又は二倍三倍にも当らざれば手放す者なし」と、地主らが神奈川県庁に取下げを願い出る始末であった。

また、実際の着工は明治二〇年一二月二〇日であったにもかかわらず、三浦郡役所から各戸町役場に「敷地買上」（浦収第百三号）の達しがあったのは翌年一月二八日であった。しかも隣接する久良岐《くらき》郡に至っては、戸塚―保土ヶ谷間のトンネル上面を地主の許可なく開削し終えていた。

「敷地買上」は、東海道鉄道線路（現東海道線）工事にも適用された手法であったが、この件に対する新聞各紙の論調は厳しい。神奈川県にも断りなく適用させようとしたのは、「情と理との区別を知らざる説」であり、「随意の出金と法律上の請求との区別を知らさるの説」であると批判した（『毎日新聞』明治二一年二月二三日・四月四日）。

他方、隣の静岡県の場合では、鉄道による旧宿場および旧東海道沿道商業地区の危機感を反映したもので、誘致運動は頗る活発であったから「随意の出金」だった。もちろん県内のすべての地域が誘致に積極的だったわけではない。たとえば、江尻宿（現静岡市清水区）の筆頭多額納税者であった望月治三郎は、用地買収を拒絶し続けたために、強制的に家屋を取り壊されている（大庭正八「明治中期の静岡県における東海道鉄道建設とそれに対する地域社会の対応」）。

『毎日新聞』の三回にわたる主張は、敷設そのものの否定ではなく、そこに至るまでの政府の手法に対する批判だった。公用土地買上規則に基づく請求が近代国家として当然であり、封建時代の「古流の主義」をもって勝手に土地を収奪するなど「情理の境界を紊乱《びんらん》し人民の所有権を危殆《きたい》ならしむる」ものだと糾弾したのである（『毎日新聞』明治二一年四月一四日）。結局、地主側と神奈川県との間に地価評価人を置き、当時にふさわしい価格で買収することとなったが、この工事がかなり強引な敷設工事であったことは確かである。

鉄道開業と地域

開業当日、各停車駅（鎌倉・逗子など）では、さまざまな飾りと花火でこれを祝したが、横須賀は最も冷淡だったという。当日「海軍大遊戯」があり、「軍用鉄道」と理解していた地域住民の、開通そのものへの関心は希薄だったようだ（『毎日新聞』明治二二年六月一八日）。しかし、鎌倉や江の島を旅する観光客・旅行者などには大変便利な手段となったことは明らかで、一般鉄道として地域住民に浸透するまでにそれほど時間はかからなかった。

ただ、従来の汽船会社へ与えた影響は大きく、なかには開通翌日から急激に乗客が減少し一回の航海に一名前後という状況となった。このため汽船会社は船を新造し速力をあげ、「汽車と競争」を試みたが結果は芳しくなく、一日四往復にまで運行を減らして収支改善を図ったが、明治二五年（一八九二）六月二七日、遂に廃業に追い込まれた（『読売新聞』明治二二年六月一九日・二五年六月二六日）。また、浦賀道が縦断する景勝地金沢八景では人の通行がまばらになり、「大《おおい》に寂寥《せきりよう》を感じ」るほどの「不景気」と伝えられるなど、浦賀道沿道にさまざまな影響を与えた。

大火と大滝町遊廓

明治二一年（一八八八）一二月三日に横須賀村大滝で発生した大火は、大滝遊廓（前身は大滝遊参所）の大部分を焼失させた。しかし発展する横須賀村のもう一つの核だった遊廓の喪失は、経済への大きな影響が予測されたため、再建の動きは速かった。

ところが、横須賀町が提出した再建願を、神奈川県は不許可とした。遊廓が街の中心地にあるため「不体裁」であり、「人民の妨害となる事尠からざる」というのがその理由で、神奈川県が県警察本部、横須賀鎮守府とで協議した結果だった。このため遊廓は、同年二三日に大滝から二キロほど山間部へ入った三浦郡公郷村柏木田《かしわぎだ》へ移設再建されることになった（『毎日新聞』明治二一年一二月二三日）。

遊廓の設置位置に海軍側が干渉した例は、ほかの軍港都市形成期にも見られた。遊廓を漸次寂寞《ぜんじせきばく》の地に移そうとする動きは、この時期、横浜の高島町遊廓を新吉原に、根津遊廓を洲崎《すざき》に、そのほか四宿遊廓（千住宿・板橋宿・内藤新宿・品川宿）でも見られた。近代都市形成期における前近代的産物としての遊廓の扱いには、神経質にならざるを得なかった。

地元では、遊廓が遠方へ移転してしまうと、たちまち金融を閉塞し、諸産業が不景気となり横須賀町の経済が間違いなく衰える、といった移転反対派や現状維持の意見もあった。しかし、現実には、大滝遊廓で各楼が日々に消耗する、紙・多葉粉・茶・酒・米、あるいは襠《うちかけ》・帯・浴衣、諸道具を全て東京で購入するため、遊廓の売り上げ以外、地元に落ちる金はいたって少なかったのである（『横須賀新報』第一三号、明治二一年一二月一五日）。

ただ、大火によるとはいえ、反対派も移転そのものには反対ではなく、「遊廓ハ遊廓らしく、民家は民家らしく」と、判然と住み分けることについて異論はなく、町としては前向きに受け止められていたようだ。当時の遊廓が横須賀町財政にとって、いかに重要な柱だったことがわかるだろう。

柏木田遊廓の誕生

大滝遊廓の移転先となった柏木田は当時、名前のとおり、三浦郡公郷村の畑地にすぎなかった。現在の京急汐入駅や横須賀中央駅からでも平坂の急坂を越えて約二キロという距離、「横須賀線横須賀駅から十丁位（一・一キロ）」（日本遊覧社編『全国遊廓案内』）であった。昭和に入ると乗合自動車で移動できたが、徒歩では高低差もあり、利用者にとって必ずしも便利な場所とは言えなかった。明治二三年（一八九〇）には、不入斗《いりやまず》村に要塞砲兵連隊が置かれ、同二九年には遊廓の近くに練兵場が設置されるが、それまでは畑地が広がっていたにすぎない。とはいえ周囲が山林の田畑で、ほとんど「五、六尺（約一五二〜一八二センチ）も埋立」をすれば宅地になるような柏木田の畑の真ん中に、大門を構え、木塀で囲まれた「廓」が忽然《こつぜん》と姿を現したのだから異様である（『横須賀新報』第一五号、明治二二年一月五日）。この場所に大滝町にあった遊廓のほとんどすべてが移転し、同年六月から徐々に営業を再開したのである（図7）。

ところが翌年三月、柏木田は「営業上、不便且《かつ》不利」であるとして、貸座敷営業商の高橋吉兵衛ほか一六名が、街に近い米《よね》が浜《はま》への替地願を神奈川県に提出した。佐世保の「木

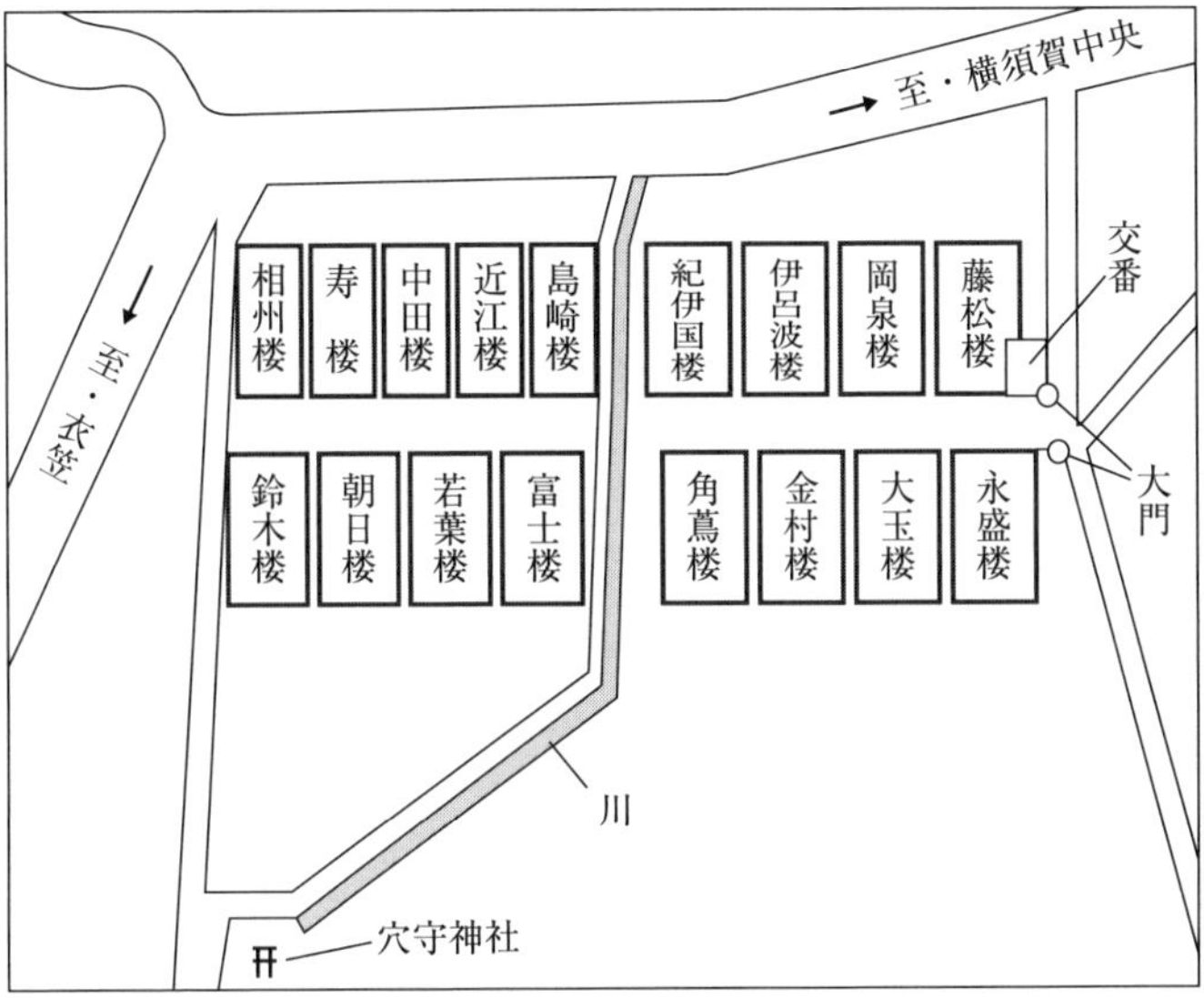

図7　柏木田遊廓概略図

（出典）川島庄太郎『佐野不入斗両町内ノ沿革』（1942年）より作成.
（注）当時の年代は不詳.

風遊廓」も同様で、遠ざけられたことで客足が減ったとして移転申請し、軍港の近くに再移転した例があったが、横須賀の場合は認可されなかった。

一方、横須賀町が「非常の不景気に陥りし」ことから、今度は有力者らが新たな遊廓の新設を請願するほどだった（『読売新聞』明治二二年三月八日・二五年九月三日）。

柏木田遊廓の娼妓

表6は、大火前の大滝町遊廓と、柏木田への移転後の各貸座敷および娼妓数を示したものである。明治二五年（一八九二）当時、三浦郡には横須賀（柏木田）、浦賀、三崎にそれぞれ遊廓があったが、全二八楼中柏木田遊廓が一八楼で六四％、娼妓数で三三五名中二五四名の七六％が集中していた。

大滝遊廓焼失以前の明治二〇年当時、三重県と和歌山県出身の娼妓が多く、「松阪楼」「紀伊国楼」といった各楼の屋号と娼妓偏在から、江戸時代以来、三浦半島と伊勢・紀伊国とのつながりが、明治中期にも残存していたことが指摘されている（加藤晴美「軍港都市横須賀における遊興地の形成と地元有力者の動向」）。この点は明治二五年になっても変動はなく、柏木田遊廓で働く娼妓のうち出身地（本籍）が判明する二三七名中の六六名、実に三六％が三重県の出身であった。さらに隣接する東京が二〇％とそれに次ぐが、この時期には岐阜県出身の娼妓も急増している。このことは当時の社会的・経済的影響はもちろん、既述の横須賀鉄道開通に由来すると思われ、福井や石川といった日本海側や、栃木・

表6　大滝・柏木田遊廓の経営者・娼妓数推移

屋　号	明治19年		明治25年	
	経営者	娼妓(人)	経営者	娼妓(人)
松阪楼	岡泉佐太郎	10	岡泉松蔵	17
中田楼	小久保清吉	8	小久保勘吉	11
近江楼	戸田兵助	12	—	—
松葉楼	古谷大次郎	9	古谷みき	10
宮崎楼	宮崎ゑい	4	—	—
大阪楼	今村平吉	24	今村平吉	28
若葉楼	古谷まさ	23	古谷まさ	22
玉寿楼	須田鐵五郎	10	—	—
松崎楼	黒田しつ	12	黒田しつ	11
角蔦楼	中澤菊次郎	14	中澤菊次郎	13
三富楼	三富つき	14	三富つぎ	3
島崎楼	甘粕金之助	14	永島ゑい	6
藤松楼	羽仏ゑい	10	羽仏ゑい	10
新盛楼	高橋やよ	17	高橋やよ	6
阪本楼	三富幸次郎	12	三富幸次郎	13
紀伊国楼	林誠十郎	7	林誠重郎	12
金村楼	石戸磯五郎	14	石戸磯五郎	14
松泉楼	近藤せい	22	近藤鉄太郎	19
伊呂波楼	—	—	清水弥之助	19
大玉楼	—	—	今村ゑい	28
大美楼	—	—	戸田兵助	12

（出典）　佐久間逸郎編輯『花乃志留辺』（1886年），『花柳細見　三浦の芳妓』（1892年）より作成．

群馬といった内陸の出身者も増加している。または同時に、鉄道が到達していない浦賀が、

図8　旧馬門山墓地（現市営墓地の一部）

人の往来や国内商品流通拠点としての従来の機能を失いつつあったことをも示しているのである（大豆生田稔「近代浦賀港の変容」）。

海軍墓地の建設

京急線北久里浜駅が最寄りとなる横須賀市根岸町には、馬門山《まもんざん》と称される小さな山がある。この頂上付近一帯には、かつて「馬門山墓地」と言われる海軍墓地があった。戦後は新たに四三五六平方メートル拡張して市営墓地の一部となったが、現在でも旧海軍墓地として毎年五月に海上自衛隊による墓前祭が行なわれ、観光スポットになっている（図8）。

いわゆる「海軍墓地」は、当初東京白金に置かれていた（「白金海軍埋葬地」）。明治一〇年代（一八七七〜八六）は国内でコレラが流行し、海陸軍でも多くの死者が出たため、遺体の多くは白金に運ばれた。しかし、戦争の対外的拡大に伴い、戦病死者の遺体をいかに扱うかは大きな課題になり、衛生面の不安と利便性の問題から、各軍港に設置されることになったのである。

横須賀では、当初三浦郡公郷村が選定され、埋葬地の建設が始められた。しかし、近くに海軍病院の建設が進んでおり、「患者衛生上ニ於テ有害」との理由から、さらに南にある大津村の馬門山の山頂付近が選ばれ、一帯を開削して明治一五年（一八八二）一月に開設された。准士官以上は上段に、下士官以下は中段・下段に埋葬され、横須賀鎮守府人事部の管轄となった。軍港での墓地の設置は、やはり横須賀が最初であり、鎮守府設置以前のことであったが、ほかの軍港に比して鎮守府から遠距離に置かざるを得なかったのは、以上の経緯と軍港建設過程の試行錯誤による。

御用商人・海軍料亭の登場

軍隊という巨大な集団は、商工業者にとってきわめて魅力的な存在だった。陸軍は連隊・師団と、衛戍《えいじゅ》組織が大きくなる分、多数の集団を抱えることになる。連隊で平時二〇〇〇人、師団で二〇〇〇〇人の兵士らが生活し、食糧や衣糧、生活必需品の大半は地元で調達されるから経済効果は少なくはない。市町村や地元商工業者にとって、これほど大口で、しかも支払い確実な買い手はない。明治中期以降、各市町村が軍隊誘致が活発化したのも、人口増加に伴う経済効果、見返りを期待したからにほかならない（松下孝昭『軍隊を誘致せよ』）。このような大口の顧客を当て込んだ海陸軍に特化した御用商人が誕生したのも、軍港都市や軍都における商工業の特徴の一つである。

少し先のことになるが、表7は地元紙の公正新聞社が実施した、明治四一年（一九〇八）当時の「信用できる」御用商人投票の上位ランキングである。当時市内にはすでに「百余名」の海陸軍御用商人がいたようだが、この表を見る限り、その多くは市外からの移住者である。これらの御用商人には「店舗を構へて商品を陳列」する者と、「単に需給両者の間に介在して、専《もっぱ》口銭を目的とする」者の二通りがあり（横須賀市編『横須賀案内

人（明治41年当時）

業(出店)	職種・取扱商品	備考
——	鋼材・機械など	正式出所は明治42年だが、それ以前は出張員
明治17年	土木建築業	
——	——	
——	——	
明治32年	牛肉商	
明治19年	回漕業・石炭業	
——	糧食品商	
明治27年	土木建築諸請負業	小泉又次郎弟
明治13年	薪炭金物商	
明治29年	機械類・雑貨商	
明治17年	牛肉商	橘樹郡出身
明治35年	和洋菓子商	屋号「太陽堂」
明治21年	石炭業	明治12年来横
——	土木建築請負業	海軍工廠各工場など

聞社募集御用商人投票当選者」より作成.

表7　横須賀町の主な海陸軍御

御用商名	所在地	出身県
三井物産出張所	旭町	——
大倉組支店	元町	——
高田商会出張所	稲岡町	——
青木合資会社	旭町	——
下妻竹松	元町	千葉県
川井嘉蔵	小川町	三重県
板倉萬兵衛	汐留	——
小泉岩吉	稲岡町	横須賀
荒木喜八	小川町	三重県
久井徳一	若松町	鹿児島県
清田与八	元町	神奈川県
小国直太郎	港町	兵庫県
尾鷲梅吉	汐入	静岡県
小峰米之助		茨城県

（出典）『三浦繁昌記』(1908年)，「公

記』)、さらに三井物産のように、本社を東京や横浜に置きつつ出張所を横須賀に置く総合商社や、地元の小売業者など、規模もさまざまであった(双木俊介「軍港都市横須賀における商工業の展開と「御用商人」の活動」)。

御用商人への道は容易ではなく、実績によって海陸軍から信頼を得なければならず、時間どおりに指定どおりの量を確実に納入することが不可欠だった。ただし、それさえ満たせば「海軍御用」「陸軍御用」と店先や広告に掲げるだけで、市民からの絶大な信頼とそれに似合うステイタスを獲得することができたのである。

横須賀の物産は決して多くなかったため、千葉県野田の醤油や、知多半島の半田から酒や酢などを仕入れて納品する仲介業者も少なからずいた(『新横須賀市史』資料編・近現代

I）。

御用商人とは異なるが、海軍士官らの専用料亭があったのも軍港都市の特徴であろう。鎮守府設置の翌年に、海軍関係者の勧めで田戸に開業した割烹旅館「小松」は、女将山本悦（小松）の人柄もあり、海軍将校らの間で評判となり、料理屋の少ない横須賀の顔となった。横須賀には「小松」（「パイン」）のほかに、「魚勝」（「フィッシュ」）といった海軍料亭もあり、横須賀の夜はそこを訪れる将兵らで賑わいを見せた。なお「小松」は、平成二八年（二〇一六）に火災で全焼するまでの一三〇年あまり経営を続けた。

観光地としての「横須賀」

観光地「横須賀」

全国的な鉄道網の整備は、旅行者に新たな移動手段を提供し、行動範囲のさらなる拡大をもたらし、「観光」は手軽な庶民の娯楽として広く一般に定着することとなった。帝都東京に至近な三浦半島は、身近で手軽な観光地にふさわしかった。とりわけ横須賀の近代的な造船施設は観光の目玉であり、人びとの好奇心を刺激した。

明治二一年（一八八八）三月に出版された『横須賀繁昌記』（井上鴨西）には、

まづ第一の見物と申ば造船所です。其の船渠の大なること機械の沢山なること抔《など》ハ、世界で二三番と謂ふ位です

と紹介されており、明治二一年当時すでに横須賀は観光客の数が「日々幾十百人なるかを

知ら」ないほどの人気スポットとなっていたことがわかる。

大正期を例にとれば、横須賀鎮守府では海軍工廠や軍港在泊艦艇の見学を毎週金曜と日曜の二日間行なっており、希望者は市役所を通じて規定の手続きを行なえば誰でも見学できた（横須賀市編『横須賀案内記』）。もちろん鎮守府側は海軍思想の普及が目的だったが、最先端技術の公開は海軍としても鼻が高い。軍港見学に関わる手続きや受付、碇泊艦船への見学者の輸送といった業務は、鎮守府ではなく横須賀市（庶務課）が行なったが、観光収入も少なくなく、町も次第に観光面にも重きを置くようになっていった。

行幸と横須賀

明治天皇の横須賀行幸は、明治四年（一八七一）一一月の横須賀製鉄所視察に始まり、在位四五年間に行幸・巡行は全五七回を数え、そのうち海軍関係へは四七回、横須賀のみへの行幸は一八回に及んだ。一市町村に対する行幸啓としては圧倒的に頻度が高い（高村聰史「横須賀の軍港化と地域住民」）。このことは近代国家の建設を掲げる明治政府の横須賀への期待がいかに大きかったかを物語っている。横須賀村は、製鉄所の建設を契機として急速に注目されるようになったが、この点は造船所の管理が海軍省に移行しても変わらなかった。

明治八年三月の三度目の横須賀行幸は、国産初の軍艦「清輝」の進水式だった。進水式への行幸はこれが最初であり、以降、大型艦船進水式に天皇が臨幸することがほぼ通例となった。

一大イベント進水式

船台から軍港外に滑り出させる艦艇は未完成の形体である。しかし、この進水式という儀式は海軍にとっても軍港都市に住む人びとにとっても一大行事であり、街全体が祝賀ムードに包まれる賑やかで最大のイベントであった。

海軍工廠や鎮守府、海軍省など海軍関係者はもちろん、地元経済界、報道関係者など多くの人びとが招待され、この壮大な儀式を見守った。軍楽隊が演奏するなか、銀の斧《おの》で支綱が切られ、大きな鉄の塊が船台から波飛沫《なみしぶき》をあげて滑り出し、軍港内に豪快な大波を引き起こす壮観な光景は、参列した人びとを魅了した。軍港の周りは見物客で溢れ、進水した艦船の周りには小舟で乗り出した人びとが集まって、建造艦の進水を祝した（図9）。

進水式は回を追うごとに盛大となり、行幸を伴うといっそう華やかさを増した。君主として玉座に座る天皇を一目見ようと、横須賀に押し掛ける人びとも少なくなかった。

皇后が代行した明治一九年（一八八六）三月の「武蔵」（スループ）進水式では、ドイツ製魚形水雷の発射試験と防御水雷の爆破試験が披露された。『横須賀繁昌記』はその模様を、遠近四方から参観人が来集してその数は「幾万なるを知らず」、この進水式の前座とも言うべき爆破試験の「目覚ましき形勢《ありさま》」を観て、「陸上数万の見物人が拍手喝采の声ハ

図９　二等巡洋艦「天龍」の進水式（大正７年３月）

雷響水音と相和して暫しハ鳴りも止まさりし」と大喜びだったと記している。

進水式は軍艦の発表公開の式典であると同時に、最新兵器（艦船を含む）公開の場でもあった。

当日は造船所内の遊覧も許可されており、各地から人びとが訪れ、市街地は大盛況となった。宿屋や料亭は価格を普段の五、六倍に吊り上げ、「一日の利潤数月の家計を資《たす》く」とされるほどの収入を得た者もいた。式典の前後は軍港商人にとってまさに書き入れ時だったのである。

横須賀に集った人びと―明治前期

横須賀製鉄所・造船所の発展により、急速に〈海軍の街〉〈造船の街〉となったこの街には、さまざまな人びとが注目し、移り住むようになった。ここでは明治前期に横須賀に惹き寄せられた三組の人びとを紹介する。

岡本伝吉・伝兵衛・伝之助

雑賀屋《さいかや》呉服店（現「さいか屋」）の創業者、岡本伝兵衛もその一人。江戸時代に回漕業や金融業を営み紀州藩御用だった岡本家の屋号は「雑賀屋」で、紀州雑賀衆《さいがしゅう》の末裔《まつえい》とされる。

初代岡本伝吉は、享保期（一七一六〜三六）に三浦半島の東浦賀に進出し、そこで廻船問屋を開業した。この伝吉から数えて八代あとの当主が伝兵衛である。独立した伝兵衛は明治二年（一八六九）に公郷村の石渡サク（吉衛門三女）と結婚すると、明治五年一〇月、横須賀村に進出して新たに店を構えた。「横須賀で最初の呉服屋」の誕生である（横須賀さいか屋編『株式会社横須賀さいか屋社史』）。伝兵衛が浦賀の店を妹かねに譲ってまでして横須賀に進出したのは、造船所の繁栄により横須賀村が賑わい始め、将来有望と踏んだからであろう。

創業は現在の汐入（本町）、造船所との敷地に接する位置であった（のち現在の大滝町に移転）。その後雑賀屋は、軍港横須賀を代表する百貨店として市の経済を牽引する存在となった。また伝兵衛の長男伝之助は、商工会議所会頭などの職を勤めたのち、昭和一六年（一九四一）二月には第一六代横須賀市長に就任して戦時市政を牽引、さらに衆議院議員として国政に専心した。

西村松兵衛と龍子

京都の呉服商の西村松兵衛は、明治六年（一八七三）五月、米が浜（深田）村に移住し、横須賀造船所の建設資材輸送（回漕業）を営んだ（職業には諸説あり）。彼は仕事で東京と横須賀を往復するうちに、京都・高知・江戸を転々と〈流浪〉してきた一人の女性と出会い結婚する。名は「龍子」、坂本龍馬の元妻「お龍」である。未亡人となったお龍は一時土佐の坂本の実家に預けられたが、ほどなく土佐を離れた。その後は彼女の気性や品行もあり、彼女の世話をする者も少なかった。その後、三浦郡大津村（現横須賀市）に流れ着いたお龍は、すでに官業から露天商に転じていた松兵衛と出会い、明治八年七月に二人は入籍したようである（鈴木かほる「お龍と横須賀」）。

明治三九年一月、お龍危篤の報は各方面に伝えられ、元海援隊の香川敬三《かがわけいぞう》が見舞電報を送るほど話題となった。翌一五日、お龍は帰らぬ人となり、二〇日には地元田戸の聖徳寺で葬儀が催された。三浦郡長、各町村長らが列席したが、葬儀は「生花一対造花七八対など少しく綺羅びやかなる点もありしも、兎《と》も角《かく》普通より質素なる弔《とむらい》」だったという（『横浜貿易新報』明治三九年一月一七日・二三日）。

墓石は大正三年（一九一四）に浦賀町大津の信楽寺《しんぎょうじ》に建立され、墓碑には「贈正四位阪本龍馬之妻龍子」と刻まれたが、当時は西村松兵衛もまだ存命であった。墓碑のある信楽寺では、毎年秋に墓前祭が開催されている。

代言人星亨

第二代衆議院議長や伊藤博文内閣（第四次）で逓信大臣を務め、東京市会議長在任中に刺殺された星亨《ほしとおる》は、母のマツが浦賀生まれだった。マツが築地の左官徳兵衛に嫁いで生まれたのが亨だった。その後、徳兵衛が借金を苦に逃亡すると、再び浦賀に戻り、漢方医師の星泰純と再婚した。しかし漢方医の需要が減り生活が難しく、家族は浦賀の実家に何度か戻っている（服部之総『明治の政治家たち』上巻）。

亨は留学先イギリスで弁護士の資格を得、帰国後、司法省付属代言人の第一号となった。明治一五年（一八八二）に自由党に入党。同年四月には製鉄所時代の敷地問題処理につき、海軍省は代言人《だいげんにん》（弁護士の旧称）を星亨に委託した。彼が代言人に選ばれたのは、明治一一年の給与請求の件で造船所職工の酒井兵蔵が海軍省に出訴した際、星に委託した前歴によった（「酒井兵蔵事件ニ付上申」「明治十二年公文類纂　前編　巻四一　本省公文　法律部2止」）。その後も星は『めさまし新聞』などの論客として活躍したが、明治二〇年一二月の保安条例で追放、翌二一年二月には「秘密出版容疑」のため横須賀で逮捕されている。

星は日清戦後の軍備拡張に伴う防護巡洋艦三隻の海外発注に際し、対米関係を考慮し米国からも購入すべきと提案した。これにより「笠置《かさぎ》」型防護巡洋艦の一番艦「笠置」はクランプ社へ、二番艦「千歳《ちとせ》」はユニオン・アイアン・ワークス社へ発注されることとなった。

巨大な軍艦の建造、賑やかな進水式。まさに日本の近代化を象徴するかのような造船施設で次々と建造される軍艦。江戸時代にはなかった〈造船の街〉横須賀の飛躍的な発展に、多くの人々が注目し、期待したのである。

葛藤する「軍港市民」——せめぎ合う軍港事情

軍港は、防衛上の観点から、急峻な山や崖で囲まれている立地が必須条件となる。多くの場合、必然的に平地が少なくなり、それが都市的発展を妨げる負の要因ともなった。この具体的な問題解決の方法が、海面の埋立てだった。

「半島」——混在する軍と民

周知のように、横須賀鎮守府、横須賀海軍工廠が置かれていた場所は、現在、米海軍横須賀基地の中心であり、基地司令部が置かれている。この地は市内中央部から扇型に海へ突き出た地形をしているが、従来も今も「半島」という名称が付されていない不思議なポイントである。地形的には間違いなく「半島」なのだが、埋立て以前ではあまりに貧弱な地形だったからなのか、軍用地だったからなのか、つまびらかではない（以下、三浦半島と区別して便宜上この地を単に「半島」とする）。ただ、この「半島」は、戦前には民有地、海軍用地、陸軍用地が混在するカオスな状況を呈していた。

まず、この狭い「半島」内には、江戸時代以来、横須賀村の三つ字《あざ》（泊里・楠ヶ浦・稲岡）があり、幕末当時も少なからぬ住民が生活していた。明治九年（一八七六）に町名を横須賀町に改める際に旧字を「町」に改めて区分したが、幕末以来の台場を引き継ぐ陸軍砲台が泊村にあり、さらに小海周辺も陸軍の管轄下にあった。そして「半島」西側の付け根付近に建設された造船所を中心に、海軍用地が拡大していったのである（図10）。

製鉄所が造船所となり、船渠、船台、工場と施設の拡充が図られ、海軍保有艦船が増えるに及び、海軍用地は決定的に不足した。このため山を切り崩して埋め立て、さらに小海方面の陸軍用地を「借用」して賄っていた。

明治一一年には第二船渠（三基目）が起工した。大量に発生する掘削土砂の廃棄場を海軍省が思案した結果、「半島」の東側海面へ開削土砂を捨てれば、自然と埋め立てることもできるし、捨場も遠隔にならない、として稲岡町の地先海面が提案された。当時、海軍省には「兵学校」の横須賀設置（移転）構想があり、埋立て地とその周辺の民有地を買い上げて、それを充てようとしたのである。

この案はすぐに裁可され、稲岡町の白浜海岸一帯に合計一一二四〇六坪（約四三〇七坪を

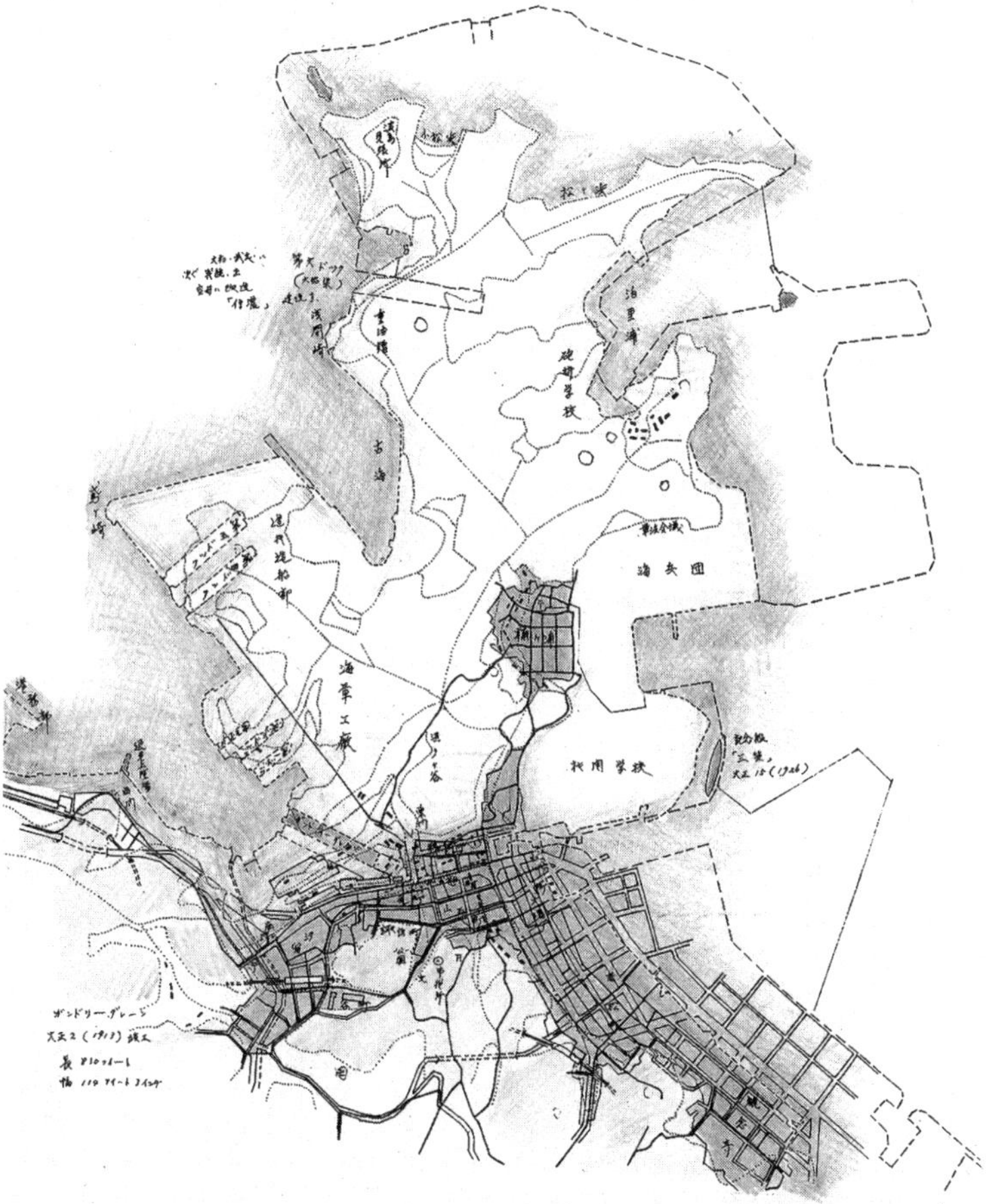

図10　海軍工廠拡張整備で埋め立てられた「半島」部（現米海軍横須賀基地）
（注）「------」は，ほぼ終戦までに埋め立てられた海岸線．それ以前の形は図１参照．

造船所用地、約八〇九九坪は横須賀鎮守府用地）の埋立て地が完成し、明治二一年一〇月に海軍用地に編入された（「明治二十一年　公文備考　目録土地家屋　巻一三」）。二六年一一月には、この地に海軍兵学校機関科生徒が移され、校名も海軍機関学校と改称された。

山を崩し、海を埋める

横須賀での埋立て造成は海軍ばかりでなく、民間業者でも進められた。たとえば明治一一年（一八七八）九月、神奈川県から許可を得た高橋勝七（三〇頁参照）が大滝町地先水面を埋め立ててる目的は、「宅地」造成だった（のちの若松町、一二年完成）。また同年に、小川茂周らも大滝町の山崖を切り崩して、稲岡町以南、大滝町以北の海を埋め立てている（のちの小川町）。この埋立て地五番地には、のち明治一六年七月、横浜駅逓出張局横須賀分局（現郵便局）が移転する（「公文類聚　第七編　明治十六年　第五七巻　運輸一」）。

横須賀村およびその周辺の埋立ては、その後も「民有宅地造成」を目的に、地域の名望家や企業が主体となって実施され、大正期には日之出町や安浦町などが形成されて現在の市域の一部が完成する。つまり、地域の有力者たちが造船所による周辺の発展を見据え、海軍の発展と抵触しない海岸の埋立てにより、宅地の開発を進めたわけだ。

造船所長の中牟田倉之助少将は、横須賀は「一般ノ地極メテ狭少」であり、市中の家屋急増のため、市民らは次々と山を崩して埋め立てるが、これでは海軍施設と民間家屋が

「接着」してしまうとして、機密の漏洩や火災の恐れを懸念していた。

　しかし実際には、造船所周辺の土地が次々と買収の対象になるため、住民は押し出される形で「半島」から外へ移転を余儀なくされた結果、海岸を埋め立てざるを得なかったことも明らかだった（「明治十二年公文類纂　後編　巻一七　本省公文　土木部一」）。この問題は、後述（一六五頁参照）する大正末期の「稲楠土地交換」で一応の解決を見るが、軍と民との土地をめぐるせめぎあいが、明治一〇年前後からすでに始まっていたことは注目すべきで、軍港横須賀の狭隘な土地の問題で、いかに地域や軍が苦悩していたかを物語っている。

海兵団と横須賀

　志願兵や徴兵による新兵教育や欠員の補充などを行なう横須賀海兵団（明治二二年四月以前は横須賀屯営業・浦賀屯営）は、当時横須賀停車場の裏（逸見）にあった。

　横須賀鉄道の開業間もない明治二二年（一八八九）一一月二日、その海兵団と地域住民との間でちょっとした事件が起きた。天長節《てんちょうせつ》（天皇誕生日の旧称）の飾り付けのために、海兵団の水兵らが近くの森でハンノキを多数伐採し、その余りを「薪木」として払い下げたからだ。これを知った所有者の石黒嘉兵衛は、横須賀町長の鈴木忠兵衛とともに、所有者に無断で行なうとは「捨て置き難き次第」として海兵団に抗議した。ところが、面談に応じたものの、某大尉から「無礼極まる言語」を浴びせられ、逆に詫書《わびしょ》を書かせられるという事件があった。

鈴木町長はその場をうまく取り繕ったつもりでいたが、今度はこれを聞いた町役場の書記が「けしからぬ……一ト泡吹かせん」と海兵団に猛抗議した。さらに有志らは「町長を侮辱したるは、取りも直さず我々横須賀人民を侮辱したるなり」として、逆に詫書を書かせようと集会を開き、書記らと海兵団に押しかけた。鎮守府建築部部長らが仲裁に入り、数回の談判の末、無礼を働いた大尉が有志らの前で謝罪して、いちおうの落着を見た（『毎日新聞』明治二二年一一月三〇日）。軍側の非礼に対して怯ることなく果敢に立ち向かうあたり、当時はまだ地域住民の姿に力強さを感じることができよう。

軍事演習と地域

軍艦の建造や施設の飛躍的な発展に比例して、演習も活発化した。当時、三浦半島（横須賀周辺）は、海陸軍の演習地でもあった。沿岸での練習艦による演習や発砲（大小火砲の空砲を含む）を伴う射撃演習に際しては、海軍省から神奈川県に事前通達があり、各町村（大区小区）へ伝えられた。

陸軍の演習は三浦半島でも実施された。たとえば陸軍卿の山県有朋の指示で明治一三年（一八八〇）から開始された迅速測図《じんそくそくず》演習も、観音崎や鴨居《かもい》村周辺で実施される旨、同年六月に三浦郡長の小川茂周より浦賀町へ伝えられている（「明治十三年　御達留」『新横須賀市史』資料編・近現代Ⅰに掲載)。

一方、海陸軍の間で、射的場や演習場や砲台建設をめぐり、狭い三浦半島内で用地移管も行なわれていた。たとえば、明治一四年に砲台建設が始まる軍港に面した猿島《さるしま》も、それまでは海軍の管轄下にあり、軍艦の演習標的であった。ところが砲台建設のため陸軍は海軍の実弾射撃演習を制止したため、猿島は大正一五年(一九二六)まで陸軍の管轄となった。また、陸軍は千代ヶ崎付近や観音崎沖に標的を設置して要塞砲兵の実弾射撃演習を行なっていたが、それ以前は海軍が同地を水兵射的場としても利用していた(「明治二十四年弐大日記　一一月」)。

ところで、身近で行なわれる演習を地域住民はどのように見ていただろう。明治二一年一一月に横須賀に上陸した第一師団第一連隊の演習は、浦賀町へ至る行軍途中で南北軍に分かれて行なわれたが、その「勇ましく」演習する彼らの姿を、近隣住民が「始終堵《と》の如く」眺め、「頗《すこぶ》る壮観」だったと報じられている(『横須賀新報』第一一号、明治二一年一一月二五日)。当時、豊島村にはまだ要塞砲兵連隊が設置されていなかったが、このような演習は地域住民らの視線を強く意識したもので、勇ましい兵士らの姿は陸軍への関心を深める絶好の機会となった。大規模な移動を伴う演習は、兵士の宿泊費や食費など地域への重い負担もあったが、演習を通じて地域が得る利益も少なくなかったのである(中野良

「秋季演習・大演習・特殊演習」)。

沿岸漁業への圧迫

軍港第二区の長浦湾(浦郷村)は、かつて鯐漁《すばしりりょう》が盛んであった。ところが、明治一八年(一八八五)に長浦湾に水雷営《すいらいえい》(のち水雷隊)が設置されると、操業が差止となった。それでも鎮守府は冬季限定で漁を行なうことを許可したが、ほどなくして「官ノ御都合」で「禁止解散」となった。このため明治二二年九月、浦郷村漁業者らは「長浦湾漁業規約」を定めて、鎮守府に操業再開を願い出ている。浦郷村は一〇人いれば七、八人は漁業従事者という典型的な漁村であり、こうした一方的な操業規制は生死に関わる重大な問題であった。そのうえ水雷営の設置による村内人口急増への対応で、村はこの経費捻出に苦しんだ(「海軍港第二区内長浦湾漁業御許可願」『新横須賀市史』資料編・近現代Ⅰに掲載)。

軍港第一区も同様だった。鎮守府が突然漁業場を水交社《すいこうしゃ》(海軍将校の親睦団体)のものとしたため、地元漁民と鎮守府が対立する事件が発生している(横須賀軍港漁業事件)。そのため地元漁業者は、当時、法典論争(民法の施行を延期するか否かの論争)で司法大臣の山田顕義《やまだあきよし》と対立して職を辞し、代言人となっていた山田喜之助《やまだきのすけ》らに依託して鎮守府に抗議した。しかし、軍港内での作業に差支えがない場合は許可することもあり得るとしただけで、従来の自由操業は認められなかった(『毎日新聞』明治二四年五月一四日)。いずれの場合も許可制の操業は承認されたが、軍港内各区ではその後も、演習や危険物の沈設のたびに船舶の通航が禁止となり、操業に支障をきたした。

明治三〇年を前後の全国的な漁獲量の減少もあったが、鎮守府の操業規制の影響で、好況を見せる海軍工廠や浦賀船渠会社へ転業する者も多く、浦賀町の鴨居漁港では、未曽有の不景気と伝えられるなど（『新横須賀市史』資料編・近現代Ⅰ）、明治中期以降、横須賀の漁業は、衰退の一途をたどった。

このように横須賀町の急激な発展を、すべての住民たちが好意的に受け入れていたわけではなかった。古くからの住民、とりわけ漁業従事者にとってそれは顕著で、軍隊の存在がありがたいばかりでは決してなかったのである。

「横須賀」の変容と「軍港市民」

明治一〇年代（一八七七～八六）までの新聞には、横須賀の入出艦船、碇泊中の艦船、入渠艦船の艦名や隻数、国籍や工事内容に至るまで比較的丁寧に掲載されていた。後述するように、艦船の入港が軍港経済に必要な情報だったからだが、この情報は次第に掲載されなくなった。軍艦のみならず、軍港施設そのものが「秘密」（機密）に類するものとなったからである。

明治二一年（一八八八）一一月五日発行の『横須賀新報』第九号「時事評論」に、工業製作上の秘密漏洩を防ぐため、造船所が職工らに横須賀新報社の取材拒絶を罰則付きで命じたことへの批判が掲載された。

この記事を書いた記者は、造船所を「一個の商業的、工業的の製作場」と捉えていた。だからこそ造船所が一般観光客の見学も受け入れて、さまざまな仕掛けを公開していると考えていたのである。

工業製作の記事の幾分を新報紙上に掲載し、以て之を世人に然らしむるも果たして何の害が在る、我が工業の進歩を広く世に顕はし、反て之が名誉となり之が奨励の途にこそなれ、如何なる工業上に妨害を生ずるやを、吾人は不敏にして之を見出す能ハざる

つまり記者は、製鉄所・造船所が、民部省や工部省の管轄下に置かれていた時代同様の、殖産興業を担う存在としか捉えていなかったのである。すでに海軍が明治一九年の「横須賀海軍港規則」などで、軍港周辺の取締りの対象を地域住民にまで広げ、強化したことは既述のとおりであるが、鎮守府設置以降、造船所も鎮守府直轄となり（鎮守府造船所）、その役割は国家機密に関わるものとなっていた。ところが、この記事を書いた記者ばかりではなく、地域住民までもが、「国軍」としての軍港の急激な変化に、まだ追いついていなかったのである。

〈軍港都市〉のなかの陸軍——東京湾要塞

帝都東京を擁する東京湾の海防計画は、明治四年（一八七一）に、兵部大輔だった山県有朋が「軍備意見書」を提出してから、次第に具体化されていった。そもそもその構想自体は旧幕時代からあったもので、江川太郎左衛門英龍《えがわたろうざえもんひでたつ》らによる海防策が基底にある。

東京湾要塞計画

明治一〇年九月末に西南戦争が終結し、国内の治安が安定に向かうと、陸軍省は懸案の東京湾防御計画にようやく取り掛かることができた。しかし、砲台建設は、財政的な理由で段階的に起工せざるを得なかった。そこで陸軍の海岸防御取調委員は、明治一二年九月、（一）東京湾海門、（二）大阪湾・紀淡海峡、（三）下関海門、の優先順に着工することとし、最も重要な東京湾については、手始めに三浦半島の観音崎を、次いで東京湾の猿島、そして房総半島富津《ふっつ》岬《みさき》の順に着手する案を、陸軍省に提出した（陸軍築城部本部編『現代本邦築城史』第一部第一巻）。

港や海峡などの重要拠点への侵入防御を目的に、防御営造物が設置された空間を「要塞」という。関東では東京湾海門の防御空間を「東京湾要塞」とし、（一）帝都を擁する東京湾港防御、（二）横須賀軍港の防衛、この二つを建設目的とした。そして明治一三年、まず四月に観音崎で工事用道路建設着工、五月に観音崎第二砲台、次いで六月に第一砲台が相次いで起工した（いずれも明治一七年六月竣工）。工事に際しては落石などによる住民の事故防止のため、灯台周辺の道路を通行止めにする旨、事前に鴨居村（浦賀町）戸長の高橋勝七に伝えられた（「明治十三年　御達留」『新横須賀市史』資料編・近現代Ⅰに掲載）。

以後、昭和初年にかけて三つの海堡を含む三四基（三浦半島に二五基）の砲台が建設され、東京湾要塞が形成された（表8）。砲台の数も、三浦半島だけで東京湾要塞全体の七

備砲完了	備　考
明治34年３月	
明治26年10月	
明治27年２月	
明治25年12月	
明治26年８月	
明治24年10月	
明治26年12月	
明治25年３月	千葉県
明治26年３月	
明治28年１月	
明治32年９月	
明治29年２月	
明治27年９月	
明治30年２月	
明治27年９月	
明治24年２月	
明治33年２月	
明治33年12月	
明治23年10月	千葉県
大正２年２月	千葉県
大正９年７月	
明治32年８月	
明治35年３月	
明治35年３月	

2005年）より作成.

表８　東京湾・軍港防御砲台（東京湾要塞）

目的	砲台・堡塁名	起　　工	竣　　工	備　　砲
軍港防御	夏島	明治21年８月	明治22年11月	24M×10
	笹山	明治21年８月	明治22年８月	24K×４
	箱崎（低）	明治22年６月	明治23年８月	24M×４
	箱崎（高）	明治21年９月	明治22年９月	28H×８
	波島	明治22年７月	明治23年７月	24K×２
	米ヶ浜	明治23年４月	明治24年10月	24K×２・24H×６
東京湾防御	猿島	明治14年11月	明治17年６月	24K×６
	富津元洲	明治15年１月	明治17年６月	12K×４・28H×６
	走水（低）	明治18年４月	明治19年４月	27K×４
	走水（高）	明治25年11月	明治27年２月	27K×４
	花立台堡塁	明治25年10月	明治27年12月	12K×４・28H×８・15M×４
	三軒家	明治27年10月	明治29年12月	12K×２・27K×４
	観音崎第一（北門）	明治13年６月	明治17年６月	24K×２
	観音崎第二	明治13年５月	明治17年６月	24K×６
	観音崎第三	明治15年８月	明治17年６月	28H×４
	観音崎第四	明治19年11月	明治20年５月	24M×４・15K×４
	観音崎南門	明治25年11月	明治26年８月	９K×４・12K×４
	千代ヶ崎	明治25年12月	明治28年２月	12K×４・28H×６・15K×４
	第一海堡	明治14年８月	明治23年12月	12K×４・28H×14
	第二海堡	明治22年11月	大正３年６月	15K×８・27K×６
	第三海堡	明治25年８月	大正10年３月	10K×８・15K×４
	小原台堡塁	明治25年12月	明治27年９月	12K×６・15M×４
	大浦堡塁	明治28年５月	明治29年７月	９K×２
	腰越堡塁	明治28年５月	明治29年３月	９K×２

（出典）　原剛『明治期国土防衛史』（2002年），国土交通省編『東京湾第三海堡建設史
（注）「備砲」欄の「K」はカノン砲，「H」は榴弾砲，「M」は臼砲を示す．

割強を占めており、東京湾防衛上、この半島がいかに重要な位置にあったかがわかるであろう。そして、その拠点とされたのが三浦郡豊島村だった。

要塞砲兵連隊の誕生

陸軍省は、優先順位に従って国内各地の砲台建設を進めたが、肝心の砲台を運営操作するための専用部隊は存在していなかった。そのため明治二二年（一八八九）三月、陸軍省は千葉県東葛飾郡国府台《こうのだい》（現市川市）の陸軍教導団内に要塞砲兵幹部練習所を仮設置して、幹部養成に取り掛かった。この練習所は七月に浦賀町の海軍水兵屯営跡に移転、明治二九年五月には要塞砲兵射撃学校（のちの重砲兵学校）となった。

一方、明治二三年五月の「要塞砲兵配備表」に基づき、豊島村に要塞砲兵第一連隊第一大隊（三個中隊）、赤間関（現下関市）に同第四連隊第一大隊（三個中隊）が編成配備されることが決定した。こうして、同年一一月には横須賀町に隣接する豊島村不入斗に、要塞砲兵第一連隊の兵舎が置かれ、要塞砲兵連隊の歴史が始まった。

この要塞砲兵は第一師団の管轄下だが、いわゆる「砲兵」に分類されない特科連隊であり、本土防衛に特化した海岸砲台の守備を主たる任務とする「純然たる守備兵種」であった。その要塞砲兵が、攻城・野戦砲兵としての「攻勢兵種」に「転向」するのは、日清戦争開戦以降である（『偕行』通号四五三号）。

〈小軍都〉豊島村の誕生

豊島村は明治二二年（一八八九）四月の町村制施行に伴い、公郷・深田・中里・不入斗・佐野の五か村が統合されて成立した新しい村だった。豊島村は明治三六年に豊島町となったが、三九年一二月に横須賀町と合併。翌年二月の横須賀町の市制施行により消滅した。

明治二二年四月当時の人口は六七八三人（一六〇九戸）で、造船所が置かれて、急速に発展していた横須賀町の三分の一程度にすぎなかった（『新横須賀市史』通史編・近現代）。豊島村は、江戸時代以来の埋立てで拡張した横須賀町とは対照的で、村の大部分が丘陵地帯にあった。のちに「下町の海軍」「上町《うわまち》の陸軍」と称されたのも、海側と山側を分ける急な「坂」を境に、自然発生的な住み分けができていたからであろう。両町の生活習慣は海陸軍の影響をそれぞれに受け、異なった特徴を見せていく。

要塞砲兵連隊

さて、陸軍省は要塞砲兵連隊を不入斗（豊島村）に設置したのを手始めに、三浦半島臨海部での砲台建設と並行して、内陸部でも用地買収を進め、関連施設を豊島村およびその周辺に次々と建設した。日清戦争後には、東京湾要塞の砲台を集中的に管理する東京湾要塞司令部も豊島町中里の高台に設置され、要塞砲兵連隊・演習場・衛戍病院・演習砲台など、国内で最も重要な東京湾要塞の心臓部が豊島村に置かれた。また、陸軍埋葬地は、明治二五年（一八九二）、隣接する衣笠村平作《ひらさく》の地に

「要塞砲兵連隊附属埋葬地」として設置された。

陸軍施設が豊島村を中心に設置されたことで〈小軍都〉とも言うべき〈陸軍の街〉が豊島村に誕生した。もちろん陸軍が市町村の区割を配慮して施設を配置したわけではない。適地に配置した結果、一行政区に集中したと考えるべきだろう。ともあれ、村制施行とともに始まった陸軍施設建設の急速な展開が、小さな豊島村の村政に影響を及ぼさないはずはなかった。

豊島町は明治三九年に横須賀町に統合されるが、それまでは東京湾要塞（陸軍）の重要な拠点であった（後述）。次に「軍都豊島村」と陸軍との関係を見てみよう（高村聰史「軍港都市の中の陸軍」）。

豊島村と陸軍

町村制施行の直後より豊島村では、小学校の統合移転や新設について村会で盛んに議論されたが、その一方で陸軍の用地買収も議題にあがった。陸軍が施設の建設と並行して重要な課題としたのは、それらを機能的に結ぶ新道の開削・整備であった。工兵第一方面（横須賀支署）が、豊島村へ道路開削を要請したのは明治二三年（一八九〇）頃と思われる。

村会では当時、主に陸軍が使う道路であれば資金援助は陸軍からを受けるべきで、今後どのように活動し始めるかがわからないうちは放って置くべき、との意見もあった。村の財源は潤沢でなかったから、この議員の反応は至極当然で、もともと村民が不便だと感じていない場所に、財政難を押してまで新たに道路を開削する理由など見当たらない、というのが本音であろう。ところが、豊島村長兼議長の小宮重孝の意見は違った。

陸軍省は補助など決してしてくれないと思います……ただ、陸軍省だけのためではなく、学齢児童の通学に便利になるし、道が出来れば豊島村の繁栄に大きな役割を果たすことになります。

当時はまだ、軍隊が地域にどれほどの経済的効果をもたらすか、全く未知数だった。にもかかわらず、村の将来を見据え大局的な見地から「軍道」開削をあえて受け入れようとする村長の姿勢は大変興味深い。隣接する横須賀町が海軍の影響を強く受けて飛躍的に発展した現実を目の当たりにしてのことであろう。村長の発言は、それまで消極的だったほかの議員にさえ、「補助がなくとも開削する精神だ」とまで言わせてしまうほどの説得力があり、以降豊島村では、用地の買収や移転、道路改修などについて反対する意見は影を潜めていった（前掲「軍港都市の中の陸軍」）。

〈陸軍の街〉誕生

豊島村の軍用道路建設には、陸軍省からも支援金が出されたようである。現在旧村域には、「軍道」と伝えられる道も少なくない。しかし、実際には軍隊がその道をよく利用していた程度で、全国的に見ても軍が計画、維持管理していた道路はそれほど多くない。明治政府の道路行政への取り組みは遅く、軍事輸送面で必要性は認識されていたが、陸軍の道路整備に対する発言力は必ずしも強くなかった（鈴木淳「軍と道路」）。

ただ、道路は開削よりも維持管理の方が困難である。現代のようにアスファルト舗装ではないから雨が降ると泥濘《ぬかるみ》になり、濁流が滝を形成することもある。また、大勢の兵士が野砲を牽引して演習地を往復するだけでも、相当劣化が進む。豊島村では日清戦争中、軍隊や軍馬の通行が頻繁となり、道路が「非常ニ大破」して修繕困難に陥ったことが問題になっている。

このため豊島村では、損壊した道路を県道に編入することで、修繕費を地方税から補助してもらえるよう上申した。村の問題を「実ニ国家ノ憂事」と置き換え、軍や県に訴えることで経費を賄うことは、軍都の言わば〈特権〉でもあった。豊島村は神奈川県との交渉で、隣町の海軍の例を引き合いに出し、待遇の違いを訴えて交渉するなど、したたかな面も見せている。

このように、海軍と密接な関わりを有する横須賀町に対し、豊島村は陸軍との関わりを強めていく。村や町にとって、軍への労力や資材の提供は、単に一方的な奉仕作業ではなく、陸軍・政府から何らかの報酬・見返りを期待しているからである。隣接する〈海軍の街〉ほどではないが、豊島村の場合も、人口が急増し、また要塞砲兵連隊周辺には御用商人も集まり、賑わいを見せた。豊島村は陸軍を迎え入れたことで、次第に〈小軍都〉〈陸軍の街〉として、〈海軍の街〉とは異なる変容をとげていったのである。

東京湾海堡の建設と要塞地帯法の制定

海堡とは、海上に建設された砲台のことである。幕末に江川英龍らにより提案されたものの、財政的・技術的理由で却下され、明治になって東京湾要塞建設により具現化した。

第二・第三海堡の建設

海堡建設は、予定された海域に割栗石《わりぐりいし》（岩石を割って小さく砕いた石材）を大量に投下して外郭を造成し、その後に土砂を充填《じゅうてん》して人工島を構築、大砲や兵舎、火薬庫を建設して砲台を据えるという、大変な時間と労働力、経費を要する一大国家プロジェクトであった。このため、東京湾で建設された三基（現存は二基）以外は実現できなかった。

第一海堡の建設地は、房総半島富津岬の砂嘴《さし》の先端、深さ二メートル程度の浅瀬だったが、富津岬沖合に建設された第二海堡は水深一〇メートル。横須賀の走水の北方二・五キ

図11　第三海堡復原図（『東京湾第三海堡建設史』より）

ロのところに建設された第三海堡は、最深三八メートルに人工島を建設するという世界に類を見ない難工事となった（図11）。この工事は、鉄筋コンクリートケーソン（大型のコンクリートの箱、海底に沈めて基礎として使用）工法をはじめ当時の最先端技術が投入された点でも、日本の近代土木史上、画期的なプロジェクトであった（日本工学会編『明治工業史』土木篇）。

一八九八年の米西戦争後、チェサピーク湾口に海堡建設を計画していた米陸軍は、日本のこの歴史的な建設工事を注視し、明治三九年（一九〇六）に日本へ海堡建設の技術に関する資料の提供を求めてきた（「東京湾海堡築造ニ関スル事項米国大使ヨリ問合之件」）。

驚いたことに、日本陸軍は軍事機密に抵触するにもかかわらず、これをすみやかに了解し、英訳した「日本帝国海堡建築之方法及景況説明書」を米陸軍へ提供したのである。この資料は『東京湾第三海堡建設史』

（国土交通省）編纂期間中（平成一二〜一四年）に米国国立公文書館と外交史料館で発見された。新知見もあり、歴史的、土木技術史的に、きわめて重要な価値を有するものである。

ペリー来航以来、日本は西洋列強の一角、とりわけ米国という若い躍動的な国家を一つの手本としてきた。その先進国米国から、日本が技術提供の依頼を受けたのである。開国からすでに五〇年、西洋から新しきを学びつつも、日本の伝統を基礎とした土木技術が、西洋に追いつき、そして追い越した歴史的瞬間だった。

海堡建設と地域（I）

国家プロジェクトとして進められた海堡建設は、数十年の長きにわたり、膨大な労働力を必要とした（表9）。現場は、沖合二キロ程度先で、横須賀市内から目視可能な距離にあり、新聞各紙が時折工事状況を報じていたから、三浦半島、房総半島に知らない住民はほとんどいなかったはずだ。ならば、軍港市民は海堡建設をどのように捉えていたのだろう。

建設工事には、大倉組（現大成建設）や鹿島・藤田といった大手以外に、永嶋組や長浜組、小泉組といった地元の請負会社も参加していた。大倉組などは建設資材の提供がメインであったから、実働部隊は地元の会社ということになろう。

既述の「永嶋家文書」には、海堡建設に関する記録も残されており、工事を請け負った永嶋組の様子を知ることができる。大正三年（一九一四）の第三海堡建設期に限定すると、

表10・11に見られるように工事従事者は圧倒的に千葉県出身者が多く、とりわけ富津地区に集中していたことがわかる。また、海堡工事に不可欠だった潜水など、専門的な技術を必要とする労働者のほとんども、富津地区から供給されていた（花木宏直・山邊菜穂子「東京湾要塞地帯における第二・第三海堡の建設と住民の対応」）。

現場は横須賀沖に位置しながら、対岸千葉県からの労働者が多かったことは意外である。しかし両半島間の移動手段が船を主流とした当時では、わずか七〜八キロ程度の海路など、荒天を除けば船による通勤に大きな問題はなかった。さらに横須賀や浦賀には、海軍工廠や浦賀船渠株式会社といった大口の就職先があった。とりわけ海軍工廠は、三浦半島の農山漁村の人びとにとって、天候に左右される海堡建設より条件の良い就職先であったから、海堡建設へ向けられる労働力の移動がそれほど大きくなかったのだろう。

一方、海堡建設の基礎工事に不可欠な石材は、主として東京湾周辺の産地から集められた（表12）。兵庫から取り寄せていた御影石などを除けば、その大部分は三浦半島・房総半島・伊豆半島産出の石材が使用された（『朝野新聞』明治一三年一〇月二四日）。この時横須賀沿岸の旗山崎《はたやまさき》は、その三分の一が掘削され、外観が著しく変容した。

建設期間	人夫（人）	石材（㎥）	砂（㎥）	工費（円）	設置水深（m）	面積（満潮m）
約９年	316,776	73,264	129,385	378,322	約1.2～4.6	約23,000
約25年	495,855	485,968	299,243	791,647	約8～12	約41,000
約29年	425,290	2,781,864	540,816	2,493,697	約39	約26,000

史』（2005年）ほかより作成.

海堡建設と地域（Ⅱ）

浦賀水道の狭さに加え工期が数十年に及んだため、東京湾に出入りする船舶との間で事故が頻発した。しかし一方で、東京湾口の防備は怠りなく完備されており、「一朝有事の際には一小艇と雖《いえ》ども射界を脱して湾内に侵入する能《あた》はず而《しか》して海堡はベトン、コンクリートを以て築き上げ宛然《えんぜん》鋼鉄の如くなるを以て砲撃に遭ふも容易に破壊するものにあらず」（『報知新聞』明治四〇年一〇月二八日）などと、堅固な海堡の存在意義が時折報じられていたのは、地域住民に対し長きに渡る工事を忘れさせない目的があったのかもしれない。それほどまでに膨大な年月を必要としたのである。

表10　第二・第三海堡建設人夫出身地（大正３年）

出身地	人　数
千葉	180
神奈川	20
東京	7
長野	5
その他	7
総計	219

（出典）　国土交通省編『東京湾第三海堡建設史』（2005年）ほかより作成.

表9　東京湾海堡工事

	着工（下部）	竣工（下部）	着工（上部）	竣工（上部）
第一海堡	明治14年8月	明治20年6月	—	明治23年12月
第二海堡	明治22年7月	明治32年6月	明治33年3月	大正3年6月
第三海堡	明治25年8月	明治40年10月	大正3年9月以降	大正10月3年

（出典）陸軍築城本部編『現代本邦築城史』（1943年），国土交通省編『東京湾第三海堡
（注）第一海堡は明治20年，第二海堡は明治32年まで，第三海堡は明治40年までの予定額

表12　海堡建設資材の調達先

資　　材	採　　石　　地
割栗石・軟石	勝力・走水・鷹取山・鋸山
相州堅石	真鶴・石橋・江浦・岩村
砂利	多摩川・湊
砂	久里浜海岸・富津海岸

（出典）国土交通省編『東京湾第三海堡建設史』（2005年）より作成.

表11　千葉県出身者分布

出身地	人　数
富津	92
大貫	51
君津・木更津他	36

（出典）国土交通省編『東京湾第三海堡建設史』（2005年）ほかより作成.

建設全般に渡る責任者には、現場を指導した工兵大尉の西田明則（明治二五～三一年）、そのあとを継いだ陸軍技師の伴宜《ばんよろし》（明治三二～四〇年）、田島真吉之（明治三三年～）らがいる。起工当初から計画の立案と捨石放捨という難作業を指揮した西田については、作家岩野泡鳴が彼をモデルとした瞑想詩劇『海堡技師』を明治三八年一一月に発表している。

日清・日露戦争の間もコツコツと工事は続けられ、第二海堡は大正三年、第三海堡は大正一〇年、それぞれ二五年、二九年という気の遠くなるような歳月をかけて竣工し、東京湾要塞建設は完成したのである。

要塞地帯と要塞地帯法制定

明治二〇年代（一八八七～九六）以降、三浦半島で砲台建設ラッシュを迎えると、地域住民たちが好奇心にそそられて現場に近づくことも多くなった。陸軍は明治二三年（一八九〇）九月、軍関係者の立ち入りを「砲台出入規則」で規定し

[治]32年）

主な禁止事項	罰　　則
要塞司令官の許可なしの漁撈・採藻・艦船の繋留・土砂採掘，測量・撮影・模写，立入不燃材の家屋や倉庫の新設，埋葬地・水車・生垣や木製の柵・井戸・高さ２尺以上の不燃建造物の新設．	重禁固以下の刑罰
測量・撮影立入など要塞司令官の許可なしの不燃質物の家屋や倉庫の新設，要塞司令官の許可なしの埋葬地・不燃材の高さ３尺以上の不燃築造物の建設	
測量・撮影立入など，地表高低の変更など．	

[郷]土防衛史』（2002年）より作成．

表13　要塞地帯法の範囲と禁止事項（明

	範　　囲
第一区	基線と防御営造物間の区域及基線から450m 以内
第二区	基線から1360m 以内
第三区	基線から4090m 以内

（出典）「要塞地帯法」（1901年），原剛『明治期

たが（「公文類聚　第十四編　明治二十三年　第二十三巻　兵制五　庁衙及兵営城堡附・兵器馬匹及艦船二」）、日清戦争後はいっそう厳格化させた。これより、立ち入りは要塞司令官の許可が、軍属らによる砲台施設の撮影や模写は陸軍大臣の許可が、それぞれ必要になった（「砲台規則中改正ノ件」「明治三十一年　陸軍省達書記録」）。

しかし、明治二九年に来日したイギリス海軍将兵らが、横須賀や浦賀周辺で建設中の砲台を実地調査した記録が英国立公文書館に残されており、各砲台の建設状況や隠顕砲台の建設にも言及されている（「海軍省文書」ADM125/47『新横須賀市史』資料編・近現代Ⅰに掲載）。当時の状況に鑑みて、公的視察というより、将兵らが独自に調査して回ったものであろう。本来であれば国民にさえ秘匿とされている機密が、すでにイギリスの手に渡っていたことを、陸軍がどれだけ知っていたかはわからない。

明治三三年七月一四日に制定された「要塞地帯法」は、以上の経緯と、国民全体を対象とした軍事機密保護の必要性から、軍機保護法の法律第一〇五号（同日に制定）をもって

公布された。この法律では、要塞地帯が「国防ノ為メ建設シタル諸般ノ防御営造物ノ周囲ノ区域」と定義されている。また、要塞地帯内もまた第一から第三に区分され、五〇〇メートルごとに地帯標が建てられた。この地帯標は現在も市内各地に残っている。

地帯内では表13のようにさまざまな禁止行為、制限行為が定められ、最も防御営造物に近い第一区内（防御営造物の突出部を結んだ基線から四五〇メートル以内）は、漁労や採藻などの漁業活動や漁船の繋留《けいりゅう》、建造物の新設が禁止され、最も離れた第三区（六三六〇メートル以内）でも測量や撮影、模写などが禁止された（第七条）。

要塞地帯法下の軍港

図12のように、横須賀市域は三浦半島ごとすっぽりと要塞地帯に組み込まれ、視覚や行動までもが規制の対象とされた。このため住民らは、先の軍港規則（明治九年）で生業を、要塞保護法で生活空間までも、制限されることになった。

個人所有の山林や畑地を開削したり、宅地を無許可で掘り下げたり（『横浜貿易新報』明治四十五年三月一〇日・二八日）、時には「カメラ熱に犯《（ママ）》され」た観光客が嬉しさのあまり逗子町葉山付近を撮影した程度で要塞地帯法違反に問われた。

では、この法律の取締りが徹底されていたかというと、そうでもない。長期に渡り違反者が摘発され続けたが、明治・大正期の横須賀に限定すれば、検挙数は多くても、重罪と

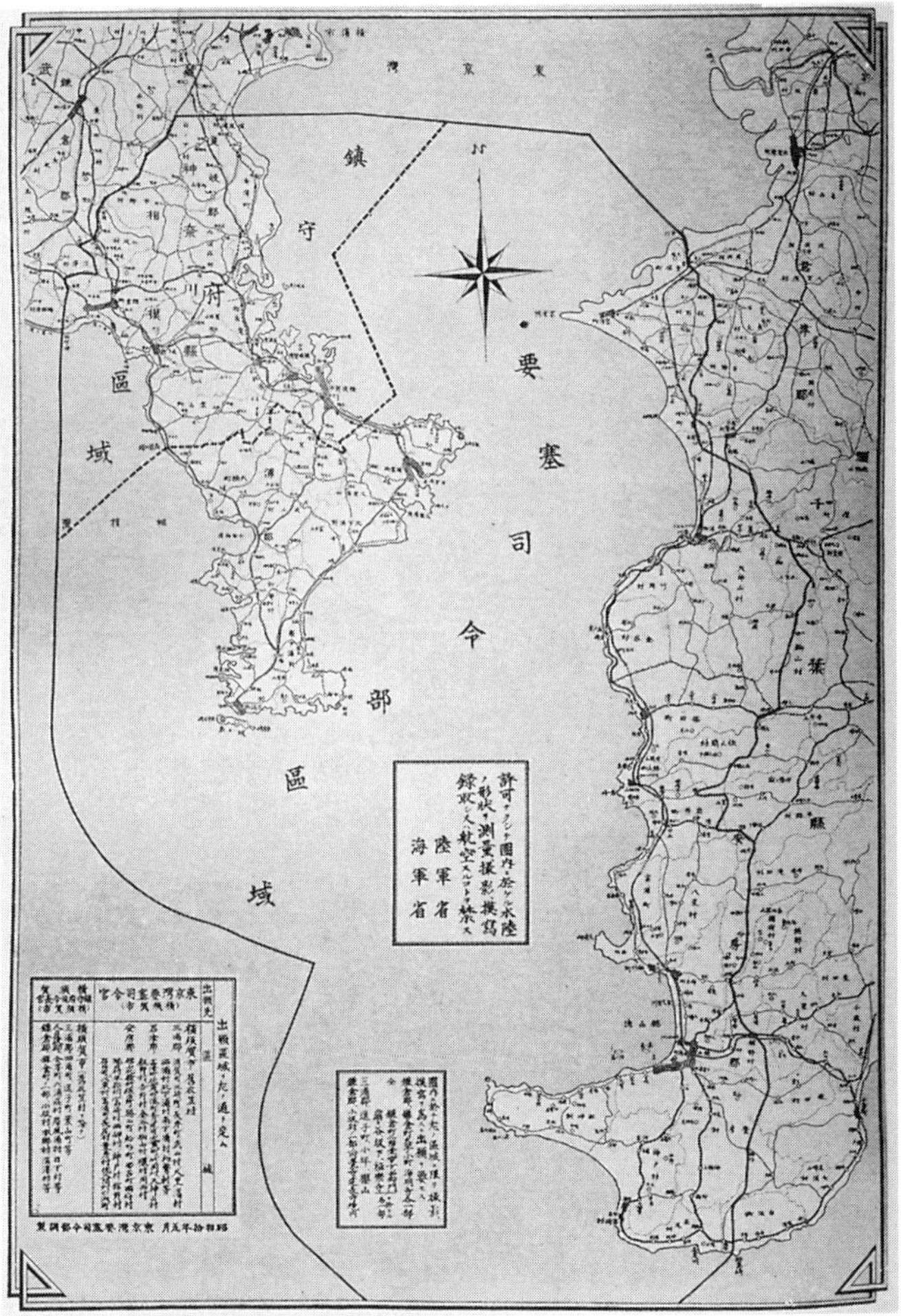

図12　東京湾要塞地帯区分図（昭和10年５月.『横須賀市史』別編・軍事より.）

される例は少なかった。禁止事項が住民生活のあらゆる部分に及び、住民が十分に把握しきれなかったうえ、軍港規則と要塞保護法の拘束下では、それを遵守しようとしたならば日常生活すらままならないという矛盾を孕んでいたからでもある。防諜組織が本格的に整備されるのはまだ先のことで、昭和一二年（一九三七）の軍機保護法改正までの間は、一般人や海軍軍人の要塞地帯への侵入や撮影、軍港写生など違反行為がひっきりなしに発生し、警察や憲兵隊は観光客や外国人に対し、対応に追われる日々が続いたのである。

対外戦争と軍港の人びと

日清・日露戦争から関東大震災まで

日清戦争

朝鮮をめぐる清国と日本の対立

明治八年（一八七五）九月、朝鮮の江華島付近で、日本の軍艦「雲《うん》揚《よう》」が砲撃されたこと（江華島事件）を口実に、翌年、日本は朝鮮王朝に日朝修好条規を締結させると、次第に朝鮮へと進出していった。

朝鮮では、その宗主国である清国との関係を重視する勢力と、近代化を進める日本に倣って改革しようとする勢力が対立するようになり、一八八四年に甲申事変が起こると、翌年、日本と清国は朝鮮に関して、両軍の撤退や、将来、朝鮮に出兵する際には相互の事前通告を必要とすることなどを盛り込んだ天津《てんしん》条約を結んだ。

それから九年後、一八九四年に朝鮮半島で大規模な農民反乱（甲午農民戦争、東学党の乱とも言われる）が起こると、朝鮮は清国に出兵を要請、清が出兵すると、日本も天津条約に基づき出兵した。

話はさかのぼるが、明治一九年（一八八六）一〇月、紀州沖でイギリス船籍のノルマントン号が座礁沈没し、英国人乗組員が日本人乗客二五人全員を救助せずに避難するという事件が起きた。しかし、その裁判では、英国乗員全員が無罪という「差別的」な判決が下り、国民がこれに激昂する事件が起こった。

「定遠」「鎮遠」の登場

横須賀でも有志が集まり、溺死者遺族に捐捐金を募集して五新聞社へ送ることを決議し、一一月二〇日には事件に関する演説会を開催した。七〇〇〇人以上の聴衆が集まって募金に応じるなど、不平等条約下に置かれた自国の立場を再認識すると同時に、排外意識が従来になく高揚した。

日本が「国産海軍」の建設を進めると、清国も山東半島の軍港の威海衛《いかいえい》を拠点に北洋艦隊を編成した（一八八八年）。当時アジア最強の艦隊（全六隻）とされたが、清国は建艦技術が未熟で、軍艦はすべて海外から購入した。それでも排水量七〇〇〇トン超、三〇五ミリ連装砲を四門備えた「定遠《ていえん》」「鎮遠《ちんえん》」（ともにドイツ製）は、日本には巨大な脅威だった。

この二艦を含む四隻が、明治二一年八月に突如日本を訪問。燃料の補給と軍艦の修理が本来の目的だったが、五〇〇人もの水兵が無許可で長崎に上陸し、暴動事件を引き起こした（長崎事件）。この事件は、横須賀町民にとっても、排外的なナショナリズムをいっそう刺激することになった。

それから三年を経た明治二四年七月、再び日本を訪問した清国北洋艦隊提督の丁汝昌《ていじょしょう》は、横浜入港後、士官六人とともに鉄道を利用して横須賀を視察した。彼らは以前とは異なり友好的だったが、すでに日本国民の視線は冷ややかなものとなり、清国への疑念は深まるばかりであった（『毎日新聞』明治一九年一一月二三日・二四年七月一六日）。

戦意溢れる横須賀

鎮守府《ちんじゅふ》の横須賀移転以降、横須賀造船所の業務は急速に拡大した。明治一九年（一八八六）末までに一〇隻の建造に着手し、七隻を竣工させたが、対外戦争に堪えうる戦力には至っていなかった。このため海軍省は、「定遠」「鎮遠」に対抗すべく、艦政局顧問としてフランスから招致したエミール・ベルタン海軍技師の指示に基づき、いわゆる「三景艦」（日本三景から名を取った「松島《まつしま》」「厳島《いつくしま》」「橋立《はしだて》」）の建造を計画し、うち一隻（「橋立」）を横須賀で建造させた（図13）。

横須賀町の言論雑誌『横須賀新報』第二三号（明治二二年四月二五日）の社説でも海軍の拡張と充実を訴えるほど、町民は軍艦の建造に強い関心を示していた。このため明治二四年三月の「橋立」進水式は、「今日我軍艦中尤も斬新尤も堅牢なる軍艦」として盛大に執り行なわれ、横須賀市中は大いに賑わった（『毎日新聞』明治二四年三月二六日）。町民はわが町で建造された軍艦が、敵艦「定遠」「鎮遠」を撃沈する光景を夢見たのである。

図13　三景艦の一つ防護巡洋艦「橋立」

「参加」する町民

明治二七年（一八九四）六月末、イギリスが日清両国の調停へ動き出し、一時は開戦が回避されたかのように見えた。ところが七月九日に清国がこれを拒絶すると、横須賀町では、憤った鈴木福松（のちの横須賀市長）・森芳郎・植原直吉らが発起して、義勇隊を組織した。朝鮮半島をめぐる日清関係の切迫した状況は、地域住民の深い関心を集め、義勇隊結成にまでつながったのである。

その第一回募集には実に約五〇〇名の応募があった。義勇隊はまず武術の心得のある五〇名を選んで七月二〇日に下関まで行き、そこで指令を待つことに決めた。浦賀町でも「国民ノ義務相尽シ度《たし》」として義勇隊結成の動きはあったが、正規軍でないため承認されなかった。神官など神職《しんしょく》にある者も義勇兵を召募嘯集したり、「付和雷同」して挺身従軍を企てる者まで現れた。このため、三浦郡長の小川茂周が「妄《みだり》ニ時事ニ熱衷《ねっちゅう》狂奔《きょうほん》シ職務ヲ抛却《ほうきゃく》シテ躁暴《そうぼう》ノ挙措《きょそ》ヲ為スニ至リテハ曠職《こうしょく》ノ責《せめ》容易ニ看過《かんか》スヘカラス」と戒める一幕もあった（「明治二十六〜二十八年　郡役所令達」『新横須賀市史』資料編・近現代Ⅰに掲載）。

このことは対外戦争を前にして、横須賀市民が、各自が「国民」の一人として何をなすべきかを模索していたことを示しており、同時に軍港の住民に、参戦する軍艦を建造した「軍港市民」としての強力な使命感が醸成されつつあったことを示している（『新横須賀市史』通史編・近現代）。

村の応召

開戦が近づくと、国内では召集が進んだ。三浦郡でも芦名《あしな》村（のち横須賀市に合併）有志の呼びかけで、七月二六日に応召する三五名の盛大な送別会が開催され、兵士らは「勇気凛々」、村を出発した。また、応召軍人家族に対しては、手当の支給を村会の臨時会で可決したほか、貧困者の救助方法も協議された（『毎日新聞』明治二七年七月三一日）。

同じ三浦郡の西浦村（のち横須賀市に合併）では、同月二四日に第一師団要塞砲兵第一連隊第一充員召集があったが在郷兵不在のため、二六日に海軍予備役後備役下士卒の召集があり六人が、三〇日の再度の第一充員召集で七人が、さらに同日の後備軍召集で五人が応召した。さらに九月五日、近衛師団充員召集で一人が応召した。そして同日、近衛師団馬匹徴発により馬三頭が供出されるなど、次々と地域住民が戦争に「参加」していった(「明治二十六～三十一年　中西浦村村会議案及決議書」『新横須賀市史』資料編・近現代Ⅰに掲載)。

一方、〈陸軍の街〉豊島村の東京湾要塞砲兵連隊は、七月二四日に戦闘準備に着手、同日に臨時東京湾要塞守備隊司令官の指揮下に入った。不入斗《いりやまず》の要塞砲兵第一連隊は、第三師団後備歩兵第五連隊同師団後備砲兵第一中隊(半数)らとともに、東京湾要塞の配地についた。明治一〇年代の「砲台建設ラッシュ」時に起工した砲台は難工事である第二・第三海堡を除き、すでに竣工していた。豊島村も、隣接する〈海軍の街〉横須賀町とともに、急に慌ただしくなった。

戦時下の横須賀

明治二七年(一八九四)七月二五日、朝鮮半島西岸の豊島沖《ほうとうおき》で第一遊撃隊の「吉野《よしの》」「浪速《なにわ》」「秋津洲《あきつしま》」と、清国の「済遠《さいえん》」「広乙《こうおつ》」との間に海戦が始まった。戦況は新聞各紙一面で逐一報道され、横須賀は官民あげて熱狂した。当時、日本海軍はイギリスの建造艦艇に多くを依存したが、「橋立」と「秋津洲」の二隻は横須賀で建造されたからである(表14)。「橋立」は、主機の横置三段膨張三筒も横須賀で製造され、筒本体も日本製の鋳鋼を用いた、ほぼ純国産の軍艦だった。

艦隊が出撃すると、軍港内は急速に静まった。しかし開戦直後の八月、海軍が東京湾内に水雷を敷設したため、湾内は「漁業禁止」、軍港への出入港も許可制となり、漁撈に多大な影響を与えた（前掲「明治二十六～二十八年　郡役所令達」）。

第一遊撃隊				その他	
吉野	高千穂	秋津洲	浪速	西京	赤城
防護巡洋艦	防護巡洋艦	防護巡洋艦	防護重要艦	仮装巡洋艦	砲艦
イギリス（アームストロング社）	イギリス（アームストロング社）	日本（横須賀鎮守府造船部）	イギリス（アームストロング社）	イギリス（ロンドン&グラスゴー造船所）	日本（小野浜造船所）
—	—	—	—	大破	大破

また、〈陸軍の街〉豊島村でも多くの男子が召集されたが、従軍を理由に所得税を納めない者も発生した。このため村の財政は逼迫し、所得税の納付いかんにかかわらず所得の高い者に村税の負担を求めるしかなかった（高村聰史「軍港都市の中の陸軍」）。戦捷《せんしょう》（戦勝）報道、戦捷祝賀の隙間で、戦争がじわじわと町村財政を圧迫していた。

鹵獲！「鎮遠」に狂乱する人びと

黄海海戦後も健在だった残存北洋艦隊が、威海衛の戦いで壊滅的な打撃を受けると、明治二八年（一八九五）二月一二日に北洋艦隊提督の丁汝昌が自殺した。事実上、北洋艦隊を喪失すると、三月一九日、すでに講和を求めていた清国から全権大使の李鴻《りこう》章《しょう》一行が日本に到着。四月一七日に下関で講和条約

表14　日本の黄海海戦参加艦船

	連合艦隊・本隊					
	松島	千代田	厳島	橋立	比叡	扶桑
艦種	防護巡洋艦	防護巡洋艦	防護巡洋艦	防護巡洋艦	コルベット	砲郭装甲艦
建造国	フランス（地中海鉄工造船所）	イギリス（トムソン社グラスゴー造船所）	フランス（地中海鉄工造船所）	日本（横須賀海軍造船所）	イギリス（ミルフォードヘブン造船会社）	イギリス（サミューダブラザース社）
被害程度	大破	—	—	—	大破	—

が締結された（下関条約）。

脅威だった敵艦二隻のうち、「定遠」は明治二七年九月一七日の黄海海戦に参加したが、翌年二月に日本軍の雷撃を受けて擱座《かくざ》（座礁）、自沈。一方の「鎮遠」は黄海海戦で日本側の「松島」（旗艦）に損傷を与えたが、二七年一二月の威海衛沖で座礁、翌年二月に日本軍に鹵獲《ろかく》（捕獲）された。

この「鎮遠」は日本曳航直後、ただちに縦覧されることになった。曳航作業には横須賀海軍工廠造船部から二二五名、同造機部から九五名の合計三二〇名の職工および人夫が旅順港工作部に派遣され、そのうち一七〇名が「鎮遠」の回航作業に関わった（「明治二十八年　戦時書類　巻六」）。

次々と兵士が凱旋し、帰港した艦艇が停泊する横須賀軍港で、その年の八月、「鎮遠」は公開された。「鎮遠」の人気は海軍省側の想定をはるかに上回り、公開初日だけで見物人は六万人を超えた。当時の横須賀町の人口は約一万七六〇〇人だから、この日は全町民の三倍強に達する凄まじい数の見物人が横須賀に押し寄せたことになる。

「鎮遠」騒動　明治二八年（一八九五）八月七日に横須賀を訪れた『毎日新聞』の記者は、当日の様子を「混雑紛沓乱騒は、実に驚く可《べ》きもの」と記した。以下、報道された内容を紹介する。

八月七日午前七時に新橋停車場で横須賀行きの切符を売り出すと争奪戦が始まり、壮年者、老人、書生、町人、美人に至るまで大混乱が起きた。横須賀へは船の交通手段もあったが、芝浦（霊岸島）の乗船場も乗客で溢れ、大型の船はおろか引船まですし詰め状態で、脚一本、腕半分も自由にならず、老人子供は生きて横須賀へ到着するのが難しいと心配するほどであった。

到着後、軍港に浮かぶ「鎮遠」を遊覧するための艀船《はしけぶね》へ乗り込むこともまた大変だった。なかには、乗り移ろうとして水中に落ちる者、櫓の下に頭をしめつけられて苦悶する者、財布をすられる者などもいた。

「鎮遠」の見学は五日間で一五万九〇〇〇人、警察の世話になった者は、口論による留置が男女二三八人、説諭によって放免された者が男女四一三七人、危険行為で保護した者が三一五〇人、保護した酔倒者が七二人、道路の汚穢物を掃除させたのが一二〇回、など多数。しかもこれに乗じて、健康に害ある飲食物を販売して差し止められた者が二五〇人、という大騒動であった。この記者は、たまたま入った横須賀の蕎麦屋で、「鎮遠や命掛《いのちがけ》で捕《とり》たる艦なり、鎮遠や命掛で捕たる艦なり」と話す一老爺の声を耳にする（『毎日新聞』明治二八年八月七日・一〇日・一一日・一四日）。

この狂乱騒ぎは、「定遠」「鎮遠」がいかに日本国民の憎悪の対象であったかを示すとともに、この戦争は「国民」が参加し、「国民」が多くの犠牲を払って勝利した戦争だったことを物語っている。「国民」は戦勝報告の陰で、多数の戦死者が出たことも知っていたのだ。

「軍港市民」として

政府が「鎮遠」をいち早く国民に縦覧させたのは、四月に日本と清国間で結ばれた下関条約で、日本に割譲された遼東《りようとう》半島を清国に変換するようフランス・ドイツ・ロシアが要求し、すでに問題化していた三国干渉への対応であった。開戦前から活発化した自由民権派の動きを封じ込め、三国干渉に対し悲憤《ひふん》慷《こう》慨《がい》する国民の感情を抑制する必要があった。

場所は東京に近く、回航先である横須賀が一番都合良かった。国民が目の敵にしていた「鎮遠」を簡単に修繕し、すみやかに国民の前に晒すだけで充分であった。国民が魘《うな》されていた「定遠」「鎮遠」の虚構を打ち崩した日本海軍の偉業を示すことで、膨れ上がった国民感情のガスを抜く必要があった。そして国民はこの演出に見事に熱狂したのである。

黄海海戦で敵艦隊の「定遠」「鎮遠」に壊滅的な打撃を与えて廃艦に追い込み、そのうえ「鎮遠」を鹵獲し、公開された場所としての横須賀もまた象徴的な場所だった。激しい戦闘を終えて母港横須賀に次々と帰港する艦船の姿は、地域住民にとっても誇りだった。

研究史上、「国民」が誕生したのは日清戦争によるとされるが、住民たちも横須賀が単なる〈造船の街〉ではなく、海軍の重要な拠点であり、そこに居住する「軍港市民」としての自覚、「海の守り」を担う横須賀海軍の一員としての責任を次第に認識していった。

日清戦争後の〈軍港都市〉横須賀の正体――日露戦争前夜

観光と軍港の狭間で

横須賀はまぎれもなく「観光地」だったが、大勢の見学客が押し寄せた場合、食事処や旅宿が少なく、それらの客を収容する能力がほとんどない、という弱点があった。

「鎮遠」公開では一日平均三万人以上が訪れたが、遠隔地からの訪問者も多く、横須賀で宿泊が必要な者も少なくなかった。宿が押さえられず一夜を狭斜の地に明かす者や、運よく宿を得ても蒲団《ふとん》がなく、縁側にごろ寝となる者も多かった。「鎮遠」公開中の五日間、「宿なし」になるまいと柏木田遊廓に登楼した者は二二一六人にのぼり、「鎮遠」特需で二〇八七円余を売り上げたという（『毎日新聞』明治二八年八月一〇日・一四日）。

このため前出『毎日新聞』の記者は、軍港が狭いことはともかく、五〇〇〇人あまりを宿泊できる宿舎はないのか、空腹を満たす牛肉屋、鰻屋、蕎麦屋もないのか、横須賀は不自由なところだと、愚痴をこぼしている。しかし、五〇〇〇人も収容可能な宿を常時維持するなど、当時の四軍港いずれも不可能だった。日清開戦時の横須賀町の人口は一万六五〇三人。ほぼ明治三一年（一八九八）までは二万人に満たない人口規模だった。

　横須賀町には明治二一年当時、大きい宿では元町の三富屋（図14）、次いで三浦屋（汐入町）があった。鈴木屋（汐留町）は三階建ての当時としては高層で際立った旅宿、松坂屋（湊町）と三富屋支店（同）は海に面した景観が評判だった。しかし『横須賀繁昌記』によれば、観光客は、夏に多くても秋は寂寥、冬は東京より暖かいためか少し賑わう程度で、旅宿を増設して維持するのは現実には難しかった。

図14　旅館「三富屋」

ところが、軍港都市として君臨してきた横須賀の地位も、鎮守府設置から四年目には、呉《くれ》と佐世保に新しい鎮守府が置かれ、いささか風向きも変わって来た。

早くも横須賀の凋落

明治二八年（一八九五）八月四日の『毎日新聞』に掲載された、地元の「有力者」前田某の指摘によれば、横須賀が最も繁盛を極めたのは明治一七年頃で、鎮守府が呉と佐世保に分置する前のことだった。しかし、鎮守府が三か所に分置され、軍艦の所管も三か所に分れてから漸次衰色が見え、もう全盛期のような賑わいを取戻すことはできない、というものであった。彼の言う明治一七年は、横須賀鎮守府の設置年に相当するが、この年が繁盛のピークとは意外である。

明治二〇年以降は、このような指摘は各紙で見られる。明治二四年四月一〇日の『毎日新聞』にも「横須賀の衰微」と題し、追々不振の状況に陥る横須賀が論じられた。これによれば、衰退を促したのは明治二〇年初めの横須賀の大火災であり、これにより東京に転出する者が増え、空き家が増加したという。進水式の賑わいとは対照的に、軍港都市の日常の寂しさを的確に表現している。では〈軍港都市〉横須賀の衰微の理由は何か。

呉・佐世保と横須賀

明治二二年（一八八九）七月、横須賀から五年あまり遅れて、呉（広島県）、佐世保（長崎県）にそれぞれ鎮守府が設置された。これに伴い、同年に横須賀から呉へ三〇〇名、佐世保へも多くの水兵らが移籍した。また、海軍将校らの懇親や研究の場であった水交社《すいこうしや》が呉・佐世保へ分置され、東京や横須賀の将校の数が三分の一に減少したという（『毎日新聞』明治二二年七月四日）。当然ながら、横須賀に停泊する艦艇数も三分の一に減少。そうなると連鎖的に観光客も減少するため、横須賀町の宿も経営難となり、鎮守府に泣きつく業者も現れた。

さらに翌二三年一一月三〇日未明には、再び横須賀で大火があり、全焼八三九戸、半焼八戸、警察署や町役場、小学校、銀行、寺院、電柱など、横須賀全体が焦土となるほどの甚大な被害を与えたのだった。

寄留人口が多かった横須賀では、大火を契機に横浜や東京などに移転する住人も少なくなかった。また経費節減のため、海軍の箱崎切通工事や陸軍の富津《ふっつ》および観音崎《かんのんざき》砲台建設工事がしばらく中断されていたため、町内外に溢れていた作業員（工夫）らの数も激減した。そしてこの明治二三年には海軍省が造船所見学を一時的に中止したため、宿屋はさらに減少、宿泊者も以前の三分の一に減った。以前はなかった無数の空き家が生じたのもこの頃である。軍港経済の停滞を危ぶむ声もあり、造船所見学も「差支なき場所だけは拝見を許されたし」と住民から願い出るほどだった（『毎日新聞』明治二三年二月二二日・一二月二日）。

鎮守府・軍港の増設は海軍にとって好ましい。しかしこれまで国内唯一の〈軍港都市〉として注目され、賑わってきた横須賀町民からすれば複雑である。横須賀居住の軍人のなかには、軍港増設を戦略的立場から否定的に捉える者もいた。ただ問題はそればかりではなかった。

横須賀の弱点

横須賀軍港の防御的脆弱性については、造船所が海面より直線に見通されてしまうことにあると早くから指摘されていた。このため、湾口を埋立て吾妻半島に掘割を作って出入り口とする構想もあった（『毎日新聞』明治一九年五月七日）。また第一回帝国議会でも海軍省は、横須賀は「平時ニハ都合ガ宜《よろ》シ」いが、呉と比べて戦時向きではないとまで答弁していた（「帝国議会衆議院予算委員会速記録　第三号」）。確かに太平洋に面した三浦半島の背面防御は、呉や佐世保に比べて十分とは言えない。

両者と横須賀が決定的に異なる点は、平坦な土地の存在である。機密保護上、軍港は地形的に山に囲まれて平地は少ないが、横須賀はとりわけ狭小だった。明治二三年（一八九〇）に呉鎮守府兵器部兵器庫の隣接地へ、東京赤羽の海軍造兵廠が移転した理由も敷地の狭さだった。兵器生産に不可欠な製鋼所（製鋼部）の候補地に、横須賀や浦賀も挙げられたが、結局は呉に決定した。結果、呉が海軍における兵器製造部門の中心的存在となり、海軍省の重点は横須賀から呉へと移った（高村聰史「横須賀の軍港化と地域住民」）。

横須賀製鉄所が、幕末の海防思想をもとに慌ただしく設置されたことは既述した。したがって、設置時に製鉄所の置かれた「寒村」の未来、すなわち近代的な軍港都市としての発展など想定されていなかった。この点が「日本一の軍港」を目指して建設された呉や佐世保と異なる点であり、横須賀での失敗が後発の軍港都市建設に活かされたのだった。

日露戦争の準備と下士官兵集会所の設置

日清戦争後、海軍施設の拡充とともに軍事援護、各種団体の組織化が進んだ。自宅を構える准士官以上に対し、下士官以下は概して持ち家も、高尚な娯楽を求める場所もなかった（清水金枡『海軍下士卒生活講和』）。このことが士気に影響するとして、集会所設置に最初に取り組んだのが横須賀だった。

一九〇〇年（明治三三）の北清事変《ほくしんじへん》（義和団事件とも）に際しての恤兵費《じゅっぺいひ》（軍隊・兵士への献金）三〇二六円九四銭を充当させ、明治三五年（一九〇二）九月に汐入町に開所した下士官兵集会所は、単なる「集会所」ではなく、下士卒や軍属（職工ら）とその家族を対象とした娯楽・福利厚生施設であり、食堂、浴場や宿泊施設、理髪、電話、遊戯施設、新聞や雑誌を各種取り揃えた図書室、写真館なども備え、のちにはラムネ工場も設置され、

図15　開所当時の下士官兵集会所

「あそこに行けば何でもある」と語られるほど充実した施設だった（図15）。

下士卒には、「家族とも、楽園とも、足の伸ばして遠慮気兼ねも要らぬ一種の一大家庭」、と紹介されたが、やはり軍の施設であり、海兵団教育の延長線上にあった。このため内規に基づき、下士と兵卒の食卓も分けられ、風紀についても厳格な指導が図られた。施設は年々充実が図られ、塔を擁した巨大な建物になった。

敗戦後、米軍に接収され、駐留軍専用の「EMクラブ」に改称、東アジア最大の娯楽場として利用された。現在は記念碑を残して再建され、横須賀芸術劇場となっているが、旧下士官兵集会所の建物の特徴的な塔部分をイメージしたデザインになっている（設計丹下健三）。

下士卒家族共励会とミシン

日清戦争で生じた廃兵（傷痍《しょうい》軍人）や遺家族が生活困窮に追い込まれたことは、日本がこの戦争で学んだことの一つであろう。このため明治三六年（一九〇三）二月、軍人援護事業の一環として下士卒家族共励会が創設された。下士卒家族の「風紀」を維持して生業を与えることが目的に掲げられたが、この「風紀」には、長期海上勤務につく兵士の妻女の「閑眠不善」を防ぎ、夫の内顧の憂いを少なくする目的もあった（「大正四年十二月　横須賀海軍下士卒家族共励会内規」）。そのために工場を作り、妻の仕事が全うできるよう育児預かり施設を設置し、医療費も支援して生活難を未然に防ごうとした。

下士卒家族共励会の主な作業は被服類の裁縫・製作で、技術指導を受けながら作業をした。作業するうえで大切な役割を果たしたのが「ミシン」であった。ミシンは陸軍被服《ひふく》廠《しょう》などが早くから導入していたが、海軍では衣糧廠が民間へ受託させていた。横須賀でも下士卒家族共励会の創設以来、貴重だったミシンの普及や効率的な作業が高く評価され、昭和初年以降は、軍需部、工機学校、砲術学校、水雷学校などと契約が結ばれている。

浦賀船渠会社の創立

日清戦争の勝利とともに、海軍工廠は横須賀でいっそう存在感を増したが、三浦半島の数少ない民間工業にも大きな変化が見られた。浦賀町での浦賀船渠会社の開業である。

浦賀町では、幕末に「咸臨丸《かんりんまる》」整備の都合で簡単な船渠《せんきょ》が建設されていた経緯もあり、渋沢栄一や小室信夫《こむろしのぶ》、益田孝《ますだたかし》ら実業家により旧施設の払下げが出願されていたが、商船建造目的だったためか軍事的理由によるものか不許可となった。しかし日清両国関係の悪化もあり、開戦中の一二月に塚原周造（当時）らに許可が下り、明治二九年一〇月に新井郁之助、榎本武揚、緒明菊五郎、それに浅野総一郎や安田善四郎らによる浦賀船渠会社（資本金一〇〇万円）が設立された（浦賀船渠株式会社編『浦賀船渠六十年史』）。

建設に際してネルリング・ボーケル技師をドイツから招聘し、杉浦栄次郎（設計技師）や若山鉉吉（技師長）、桜井省三（所長）、さらに新倉定吉、牧小六といった横須賀造船所関係者が創設や技術面に関わった。若山と桜井は「黌舎《こうしゃ》」出身者である。

横須賀海軍工廠開廠と日露戦争開戦

日露戦争に至る国際情勢

一九〇〇年（明治三三）、清国で、キリスト教や列強勢力を排斥しようとする義和団という結社が蜂起する事件が起こった。清朝がこれを支持して欧米各国に宣戦を布告したため、八か国（日本・ロシア・アメリカ・イギリス・フランス・ドイツ・イタリア・オーストリア）が連合軍を送って鎮圧したが、ロシアはそのまま満洲を占領した。

日本は、ロシアが次に狙うのは朝鮮半島であると危機感を高め、明治三五年（一九〇二）には同じようにロシアを警戒していたイギリスと日英同盟を結び、満洲からの撤退交渉を進めたが交渉は決裂し、明治三七年二月八日に両国は開戦した。

横須賀海軍工廠

明治三六年（一九〇三）一一月一〇日の海軍工廠令に伴い、横須賀海軍造船廠（前横須賀鎮守府造船部）は、横須賀兵器廠・需品庫を統合し、横須賀海軍工廠《こうしょう》と改称された。これにより、それまで艦政部長の下に置かれ、作業効率が悪かった兵器製造部門と造船部門を統合、国内には横須賀・呉・佐世保・舞鶴の四つの海軍工廠が設置されることになり、予測されるロシアとの戦争に備えることになった。

開戦に多忙を極める工廠

明治三七年（一九〇四）二月の開戦直後から、各紙を通じて「職工募集広告」が連日掲載され、半年経った八月には、旋盤工・仕上工・組立工・焚火工・製缶工・銅工ら計二六〇名が募集された。対象は年齢一八～四五歳だったが、「業前の巧拙に依る」とされていたから、やはり欲しかったのは熟練工であろう。日給は最高二円だが、今回正式に「戦地派遣」も加えられ、その場合、賃銭は「二倍半」となり、別途糧食も官給された。

職工募集と並行して、海軍工廠会計部では物資調達を行ない、松材一五六本、ホワイトメタル二〇〇〇基の購買広告を出している。軍需部では艦艇燃料のコークス（原料は石炭）の貯蔵分が著しく欠乏していたが、購買契約する時間的余裕がないため、本来なら灰量検査規格超過で不合格となるコークスを、実地使用に耐えるものと急遽認定して、契約代価の三分減で購入契約を結んだ例もある。契約者は横須賀町の田浦安定、豊島町の長江亀次郎らで、戦略物資の一部も地元で調達された（「明治三十七年　公文備考　巻二六　物件八」）。戦時は軍港内の軍艦が極端に減少したが、御用商人らは戦時特需で賑わった。

一方、開戦後の横須賀海軍工廠の役割は重大である。戦時中に起工・竣工した艦艇は一六隻（戦艦一・一等巡洋艦一・駆逐艦九・潜水艇五）にも及び、その数は横須賀が突出していた。

佐世保は、最前線の軍港となったため、戦時中の艦艇修理は主として佐世保工廠が担当したが、未開渠もあり修理作業が追い付かず、呉工廠や三菱など民間工場に委託したほか、横須賀海軍工廠から熟練職工を借り入れて対応した。

前線から遠い横須賀海軍工廠では、損傷が激しく修理が長期に及びそうな艦艇の修理を担当した。このほか横須賀海軍工廠から委託された開業間もない浦賀船渠会社（後述）も良好な成績をあげた（名倉文二「日露戦争期における海軍工廠」）。

開戦と村々

明治三七年（一九〇四）二月、装甲巡洋艦「日進《にっしん》」「春日《かすが》」の二隻が日本へ回航された。この二隻は、イタリアで建造されたアルゼンチン海軍の軍艦を購入したものである。回航に際し、横須賀町民は最初に歓迎会を開催させるよう鎮守府に伝え了解を得た（『東京朝日新聞』明治三七年二月五日）。軍港市民としての自覚が町民に浸透してきたようだ。

一方、市町村の兵事業務は、開戦を前後して目まぐるしく多忙となった。三浦半島西部の長井村では、出兵軍人に対する県税と村税の各戸数割については、各家庭の経済状況を斟酌《しんしやく》して、戸主が出兵する場合は相当等級の三等以上、家族の場合では一等以上、賦課を減課する議案が議決されている（「明治三十六～四十四年　長井村議案及決議書」『新横須賀市史』資料編・近現代Ⅱに掲載）。

三浦郡浦郷村（現横須賀市域）でも、すでに開戦前の明治三六年に、各市町村同様に在郷軍人会や奨兵義会の設置案が提出されるなど、兵士とその家族への軍事的支援が進んだ。開戦後の同年一〇月には、愛国婦人会の増募があり（「明治三十六～三十八年　町村長会同ニ関スル書類」『新横須賀市史』資料編・近現代Ⅱに掲載）、横須賀在住の水交社社員婦人有志らで組織された横須賀慈善婦人会（明治三四年結成）も寄付による物品売買を始めた。

戦捷と軍楽隊

開戦から二か月ほど経た明治三七年（一九〇四）四月一三日、旅順艦隊旗艦撃沈の一報が到達した。海軍軍楽隊はその日の午前三時三〇分から演奏を始め、町内を一周した。町内ではこれを受け、国旗を掲揚して祝意を表し、その夜は役場職員や議員らが提灯行列を開催、鎮守府前、海兵団、要塞司令部、同連隊前ごとに万歳三唱を奏でた。

開戦以来、軍港から艦船がほとんど出払ってしまい、「寂寞に寂寞を重ねた」横須賀市内は、旅順攻略の吉報で「近来稀有の盛況」となった（『横浜貿易新報』明治三七年四月二〇日）。以降も次々と入る戦捷報告に、横須賀町議会は、連合艦隊司令長官の東郷平八郎と陸軍大将の黒木《くろき》為楨《ためもと》に対する戦捷祝電の建議を満場一致で可決した。

この海軍軍楽隊の演奏は、平時には西洋音楽を国民に伝えるうえで大切な役割を果たし、戦時には戦勝に歓喜する軍港市民の感情を高揚させる役割を果したが、同時に昼夜関係なく、新聞よりも早く国民に日本の勝利を伝える伝達手段にもなった。

同年八月に村上艦隊（装甲巡洋艦「吾妻」、艦長は村上格一《むらかみかくいち》大佐）がウラジオストクのロシアの海賊艦隊を撃沈したとの報告が入った際も、午後五時に「勇壮の楽」を演奏して市中を練り歩き、次いで提灯行列ではその先頭に立ち、要所要所で「君が代」を演奏し、「帝国万歳海軍万歳を三唱」した。この日は「万歳の声天地を震撼し、紅灯の昼夜をあざむく如く」壮観であったという（『横浜貿易新報』明治三七年八月一六日）。また、軍艦乗組員の歓迎会や大祝捷会には、必ず軍楽隊が「絶えず奏楽」して雰囲気を盛り上げた。

戦死者の慰霊

連日のように戦勝報告が紙面を賑わす一方で、戦死者の葬儀や戦傷者慰問も確実に増えていった。横須賀町でも明治三七年（一九〇四）五月、鴨緑江の九里島《くりど》で戦死した陸軍二等兵の葬儀が催され、そこには海陸軍将校、各公共団体などから会葬者一五〇〇名が参列した。六月には、旅順港強行偵察や軍艦「初瀬」沈没に際して戦死した士官下士官兵らの合同葬儀が、鎮守府司令長官管理で行なわれた（『東京朝日新聞』明治三七年五月二七日・六月五日）。また、七月には南山で戦死した一等兵の葬儀が浄土寺で行なわれ、三浦郡の奨兵議会員、報告義会員、各僧侶、愛国婦人会員、海陸軍将校、三浦郡長、横須賀警察署長、小学生ら約一〇〇〇名が参列した（『横浜貿易新報』明治三七年七月二六日）。一兵卒に対して各種団体のみならず、郡長や知事クラスまで地域が一丸となって行なわれ、その後、慰霊碑や忠魂碑が建立されていった（『新横須賀市史』別編・軍事・付表）。

また日露戦後に行なわれた遺族状況調査では、三浦郡浦郷村（のち横須賀市）でも、旅順攻囲戦で村内の兵士が多数戦死しており、一家の大黒柱の戦死で、遺家族の「生計次第ニ困難」「頗ル困難」に陥り、賜金や扶助料で辛うじて家計を維持するなど、戦争が各家庭を窮迫させていく悲惨な現実が次々と明らかになっていった（『新横須賀市史』資料編・近現代Ⅰ）。

横須賀に集った人びと―明治中後期

日清・日露戦争の勝利により軍港都市の存在が広く認知され、さらに都市として拡充が図られると、横須賀の人口は急増した。呉や佐世保のような軍港らしさとは別に、帝都東京に隣接する軍港として国際的、政治的な都市としても注目されるようになってきた。ここでは明治中後期、日清・日露戦争前後に横須賀に来た三人を紹介する。

日本に帰化したアメリカ人伝道者星田光代

アメリカのウィスコンシン州で生まれたエステラ・フィンチは、キリスト教布教のために明治二六年（一八九三）二月に来日した。異文化環境に戸惑い一時帰国したが、再度来日して、当時横須賀日本基督教会の牧師であった黒田惟信に会い、横須賀での伝道に専念する。

黒田の「軍人には軍人の教会が必要」という考えのもと、三二年九月、豊島村中里に伝道義会を設置すると、横須賀白浜に移転してきた海軍機関学校の学生が、故郷を思わせる家庭的な雰囲気に惹かれて次々と集まってきた。フィンチは軍人たちに「マザー」と呼ばせ、明日をも知れない軍人たちを暖かく迎え入れた。のちに彼女は「マザー・オブ・ヨコスカ」と呼ばれるようになった。彼女の布教活動は、同じ軍港都市の呉・舞鶴にも及んだ。また、日露戦争直後に日米関係が悪化すると、四二年には「星田光代」と改名して日本に帰化し、日米の関係改善を願った。その後、心臓の持病により一時帰国し、ハワイで療養していたが、大正一二年（一九二三）、関東地方で大地震が発生すると、日本に戻って被災者の慰問に努めたが翌年六月、横須賀で没した。

第一三代横須賀市長小泉又次郎

小泉又次郎は、平成の時代に首相を務めた小泉純一郎の祖父でもある。横須賀村に隣接する六浦荘村で生まれ、とび職だった父由兵衛とともに発展めざましい横須賀に移住し、海軍の土木請負業を営んだ。しかし、又次郎は由兵衛の仕事を好まなかったらしく海軍への道を希望したが、結局家業を継ぐ覚悟で刺青を彫ったという。しかし、明治二二年（一八八九）に東京毎日新聞社に入社、同三六年には三浦郡初の神奈川県会議員に当選、四〇年四月に横須賀市議会議員にも当選した。また四一年には衆議院議員に当選。以降、三八年間に渡り代議士生活を送ることになる。

「普選運動の闘将」として知られる又次郎は、逓信大臣（浜口内閣・第一次若槻内閣）を経て、昭和九年（一九三四）五月には第一三代横須賀市長に選出された。閣僚経験者からの市長就任は異例であったが、「市が生んだ大人物」と称されるほど、市民から圧倒的な人気があった。しかし就任後ほどなくして、吏員の公金横領費消事件が起こり、「大臣の器必ずしも市長の器とは考へられない」とする反市長派閥の弾劾もあり、翌年一一月に引責辞任した（『新横須賀市史』資料編・近現代Ⅲ）。その後、立憲民政党幹事長や小磯国昭内閣の顧問などを務め、昭和二六年九月二四日に没した。

初代海軍軍楽隊長中村祐庸

嘉永五年（一八五二）、薩摩国に生まれた中村祐庸《なかむらすけつね》は、薩摩藩の軍楽隊創設時にイギリス公使館護衛歩兵隊軍学長ウィリアム・フェントンから指導を受け、明治五年（一八七二）に創設された海軍軍楽隊の初代軍楽長に就任した。軍楽隊は軍付属部隊の一組織であったが、行幸時の供奉演奏や進水式ばかりではなく、洋楽に馴染みのない国民に、演奏活動を通じて西洋音楽を浸透させる役割も果たした。

町内汐入に居住していた中村は、フェントン作曲の国歌「君が代」について、西洋的旋律であり威厳が感じられないとして国民性に不適当と判断、「天皇陛下ヲ祝ス楽譜改訂ノ儀」を海軍省に上申し、改訂委員の一人として協議に参加し、改めて林広守の作曲による現在の「君が代」を誕生させた（横須賀市民文化財団編『続・横須賀人物往来』）。

明治三六年に軍学長を退いた中村は横須賀高等女学校の茶道教授となり、大正一三年（一九二四）まで女子教育にも力を入れ、翌年一月に須賀市西逸見の自宅で逝去した。

横須賀市の誕生と〈陸軍の街〉

陸軍の存在と豊島町

日清戦争時、豊島村の要塞砲兵連隊が単独で大沽《たいこ》砲台の守備に就いていたことを、村民がどの程度理解していたかは不明である。ところが日露戦争では、国内にあっては「帝都関門鎖鑰《さやく》の任」を果たし、大陸では「旅順に又奉天に満洲軍の各軍中連隊将卒の影を見ざるものなく」といった要塞砲兵連隊の活躍ぶりが紙面を賑わすと、豊島町民はもちろん横須賀町民でもそのことを知らない者はいなくなった（小原正忠『横須賀重砲兵聯隊歴史』）。

明治三七年（一九〇四）八月の第一回旅順攻囲作戦後に、箱崎と米が浜《よねはま》の二砲台から合計一四門が旅順へ移設されてその活躍が報じられたが、このことを嬉しく、頼もしく思わない町民はいなかっただろう。そうなると、俄然豊島町の存在感が増してくる。日露戦争後には、戦没者の慰霊祭も、横須賀町と豊島町が合同で開催するようになった。

日清戦争開戦直前の明治二六年に九七六八名だった豊島村の人口も、同三五年には浦賀町を抜き、日露戦争中にはほぼ二万人に達し、三浦郡では横須賀町に次ぐ第二位の人口を誇ることとなった（『新横須賀市史』通史編・近現代）。

合併反対と横須賀市誕生

横須賀町の人口急増に伴う市制への動きは明治三五年（一九〇二）頃からあり、翌三六年初めには豊島村および浦郷村との間で、合併へ向けて協議が始められた。横須賀町は市制施行の理由として、隣り合う豊島村の深田や中里は「一見横須賀町域ノ如ク」であり、手紙も横須賀町深田、同中里の名義で扱われているので合併は至極当然だとしている。

これに対し豊島村は、合併後の村民の税負担への懸念を理由に、とりわけ公郷《くごう》村の反対を受け、合併せず町制施行のみにとどまった。その後も横須賀町からラブコールは続いたが、永嶋家ら豊島町公郷一円の有力者たちがこれを了承せず、もし市制施行となるならば、公郷村のみ分離して独立の自治体を組織するとまで主張した（『横浜貿易新報』明治三九年四月八日）。

ところが、豊島町にとって懸案の一つだった海陸軍関係者の女学校設置を、両町の組合立とすることで解決が図られると（神奈川県立横須賀大津高等学校百周年記念事業実行委員会編『創立百周年記念誌—百年の記憶と歩み』）、明治三九年に豊島町は横須賀町と合併、明治四〇年二月に横須賀町は市制を施行した。この合併により、横須賀市の人口は六万二八七六人となり、かつての「寒村」は、海軍と陸軍が同居する県内第二の都市に成長した。

こうして豊島町は消滅したが、豊島町の陸軍は〈横須賀の陸軍〉として発展し続けた。明治四〇年三月には、創設以来初めて連隊祭が一般公開された。連隊内の花見の時機を利用して、塀の向こう側を地域住民らに公開した画期的なできごとだった。当時は第一と第二連隊があったため、それぞれ趣向の異なる祭りも楽しめ、展示あり、仮装行列あり、歌ありと、この時初めて地域住民と兵士との交流が始まった。以降、終戦まで連隊祭は〈陸軍の街〉の大きなイベントとなるのである。

横須賀の憲兵

軍港には、鎮守府ごとに「鎮守府衛兵」が配備されて治安の維持にあたった。ところが日清関係の緊張が高まりつつある明治二六年（一八九三）五月、鎮守府条例改正により鎮守府衛兵が廃止されると、海軍省は東京と熊本の憲兵隊（陸軍）を一時的に横須賀と佐世保に配置させた。翌年七月、「今日ノ形勢尤モ軍港ニ於ケル軍事警察ノ厳正ヲ必要トスル時」との閣議決定がなされ、七月二三日には神奈川憲兵隊と長崎憲兵隊にそれぞれ第一分隊を設置、神奈川憲兵隊の首部は横須賀（諏訪町）、三浦郡内には浦郷・豊島村（深田四八番地）・浦賀の三か所に屯所が置かれた（「公文類聚

第十八編　明治二十七年　第二十四巻　財政門十　会計十　臨時補給二・国庫剰余金支出一」)。これらにかかる費用は、主として国庫剰余金から支出された。

明治三一年一二月、神奈川憲兵隊第一分隊は横須賀憲兵分隊となって、本部を横須賀町、屯所を豊島村・浦賀町、分屯所を浦郷村と富津町（千葉県）に置いた。

日清戦争前後の軍港への憲兵配置は、陸軍による治安体制の強化であったと同時に、一般および地域住民の管理や統制が目的であり（遠藤芳信「要塞地帯法の成立と治安体制(4)」)、豊島村の陸軍が、日清戦争を契機に軍港全体の治安維持を担うことになったことを示している。〈海軍の街〉のなかで、陸軍が次第に存在感を増していくのである。

憲兵の見た横須賀

軍港の治安を担当することになった陸軍が、海軍将兵らをどのように見ていたのだろう。明治三二年（一八九九）八月の「海軍軍人ニ係ル軍紀上検察報告」（第一憲兵隊）によると、街を歩く海軍軍人のなかには、時々軍帽を傾けて被ったり、軍服のボタンを外したり、雨天時に濡れないように「袴」を靴下のなかに入れて歩く者もいたようだ。「敬礼」も、海軍では挙手で事足りると思っている者が多く、姿勢や「注目」についてもほとんど無頓着で、下士以下の同等者間の礼式は行なわれず、水兵は下士への礼を欠き、意に介さない状態だという。

また、日没頃から「豊島村遊廓」（柏木田《かしわぎだ》遊廓）に出入りする水兵も多く、貸座敷の店頭で娼妓と戯れ、飲食店前で酔婦と大声で歌うなど、「軍人ノ態度ニ適セサル者尠《すく》ナカラス」と報告されている。また、横須賀は要塞地帯にあるにもかかわらず、軍港を撮影していた砲術練習所の海軍大尉が取り押さえられており、憲兵分遣隊長から鎮守府司令長官に注意を促している。横須賀に入港し、長い海上生活から開放された水兵らに対しても、憲兵は手厳しい。軍艦から街に繰り出す彼らの行動は、陸上海軍のそれとは総じて異なり、「一層粗暴ニ傾ケリ」としている。

一方、「一般粗放」「行為暴慢」の海軍軍人がいるにもかかわらず、横須賀市民は陸軍より海軍の方に「待遇厚キ」と僻《ひが》んでおり、だ横須賀市民は海軍業務で生活を営む者も多いので、営利を重視し徳義を軽く見るからであろうと皮肉っている。

こうしてみると、軍港都市の海軍将兵らは、比較的自由な雰囲気があったようだ。ただ、この報告内容については、海軍軍人を誹謗するものではなく、今後の参考資料とする目的のものであるから、察してほしいと気を遣っているところは、やはり〈軍港マイノリティー〉ゆえの肩身の狭さであろうか。

海軍VS陸軍？

ならば、この狭い横須賀で、海軍と陸軍はどのように同居していたのであろう。既述のように、「下町」は海軍、「上町《うわまち》」は陸軍という概念は市民のなかにあったが、「下町」に停車場があり、「上町」に柏木田遊廓がある以上、両者がどこかで接しないことは考えられない。ただ、軍港都市内で海軍関係者が圧倒的人口を占めており、力学的にも、諸事陸軍より海軍が「優位」であったと考えるのが人情である。酒席での職工や水兵らのケンカや刃傷沙汰は日常茶飯事だったが、海軍将兵と陸軍将兵との大乱闘は、横須賀の場合に限れば、新聞沙汰の問題はほとんどなかったと言っていい。

ただ、明治三四年（一九〇一）一月にちょっとした事件が起きている。柏木田の中田楼で、「浅間《あさま》」乗組水兵一名と楼馴染みの妓夫と娼妓との関係で行き違いがあり、付近にいた軍艦「八島《やしま》」「明石《あかし》」「出雲《いずも》」の水兵「四〇〇名」がこれに介入、彼らが楼内の家具や建具などを破壊した。このため楼主が海兵団に連絡したが、最初に現場に駆け付けたのは豊島村の憲兵であった。水兵らは憲兵にも暴行を加えてきたため、今度は横須賀憲兵屯所の総員を動員したが、エスカレートしたため憲兵が水兵の軍帽を証拠品として奪うと、徐々に沈静化し、ほどなくして鎮守府副官や海兵団の関係者が到着したことで落着した。

結果として大事に至らなかったが、憲兵の要請で近くの要塞砲兵連隊の控兵が多数現場に派遣されていたため、水兵らと砲兵連隊との全面衝突も考えられた。その後、同月一九日には鎮守府司令長官は要塞司令官に対し、艦隊寄港の際には、要塞砲兵の夜間練習は柏木田近辺を通過しない方が「双方ノ感情上非常ニ好都合」と伝えるなど海陸双方で穏便に事態の収拾を図っている。以降、両軍の間でこれ以上の事件は起きていないのは、本騒動が教訓になっていたかもしれない（「明治三十四年公文雑輯　巻一一　兵員兵器一」）。

〈軍港都市〉の受難

乱高下する職工生活

日露戦争開戦から一〇か月後の明治三七年（一九〇四）一二月には、横須賀海軍工廠関係者は七九一九名だったが、三九年八月末には二倍以上の一五八一〇名にまで急増し、収入も増額された（横須賀海軍工廠会編『横須賀海軍工廠外史』改訂版）。しかし、戦争終結後は作業縮小に伴って職工らの夜業は中止され、通常業務に戻ったため日曜工事や残業手当を期待する工員らには痛手となった。

このため明治四〇年六月、横須賀海軍工廠造機部職工約四〇〇〇名が、給料増額要求の請願書を工廠へ提出したところ、製缶工場長から「威嚇的言辞」で却下されるも、数日後、工廠側は日曜作業を復活させ、さらに同年八月、艦政本部は一万五〇〇〇余名の職工に対し、一人平均二銭七厘強の定率増給を通知した。

海軍側からすれば、工廠職工は「最初軍旗の下に服従するの義務を有して入業し各階級に応じて賃銭を支給」されるのだから、職工のこのような運動には「甚《はなは》だ謂《い》はれなく且《か》つ頗《すこぶ》る穏かならず」というのが本音だろう（『東京朝日新聞』明治四〇年六月八日・八月一三日）。従来このような請願はほとんどなかったから、このことは日露戦争の戦勝を経て、工員らの権利意識向上に海軍も配慮せねばならなくなったことを示している。

しかし増額直後の四一年四月、工廠は約一〇〇〇人の解雇を発表した（『東京朝日新聞』明治四一年三月三一日）。このように戦時大量急募と戦後の一斉解雇、そして職工調整など、職工たちの生活は常に軍の動向に翻弄され不安定であった。

職工共済会と工友会

明治四〇年（一九〇七）六月、横須賀海軍工廠に勤務する工員とその家族らの福利厚生、親睦維持と傷痍疾病救済、食糧用品の販売や各種社会事業を目的として、横須賀職工共済会が設置された。これも前述の工員らの権利意識の向上を背景としたものである。ただ、労働環境改善へ向けての共済制度導入の動きは、呉工廠が若干早かったようだ。

共済会は翌四一年五月、深田（戸田軍法会議跡地）に海軍職工共済会病院を開業、病室数は二三室（大正六年）と規模は大きくはないが、職工家族らも利用できた。また、共済会は進水式での絵葉書製作販売も手掛けたほか、工廠内での弁当も賄った。なお、四三年の横須賀行幸に際しては、会へ八〇〇円が下賜されている（『東京朝日新聞』明治四三年一〇月一七日）。だが、明治四五年三月に海軍省が海軍共済組合を設置して事業の本格化が進むと、横須賀職工共済会の存在意義が希薄になり、昭和五年（一九三〇）一一月に解散した。

一方、明治四一年五月には職工団体の工友会が組織された。目的は「会員相互の品位矯正」と「福利の増進」であったが、その背景には前年の第一回市会議員選挙で立候補した工廠職工三人全員の落選を受けて、彼らの政治的進出を掲げた準備会を前身として結成されたことがあった（横廠工友会編『横廠工友会沿革史』）。

当初、この会は職工共済会から補助金を受けたが、職工共済会が日本海軍の共済会に一元化されるなか、職工の意見が反映されやすい体制づくりをめざし、独自路線を歩むことになった。諏訪山公園の殉職職工の招魂塔（現在は台座のみ）建設や工友会主催の運動会も、会の姿勢を示すものであろう（『新横須賀市史』別編・軍事）。職工の市政進出に横須賀市民はおおむね好意的だった。

第一次世界大戦下の開廠五〇周年

一九一四年（大正三）七月、ヨーロッパで第一次世界大戦が勃発すると、日本は八月二三日に対独宣戦を布告した。日本経済は次第に好況に転じ、それは横須賀も例外ではなかった。対独宣戦布告後、横須賀が第一・第二南遣支隊の補給物資供給地とされたことも好景気に拍車をかけた。凱旋将兵が横須賀で久々の半舷外出を満喫し、金を落とすからである。しかし、「悪徳商人」が彼らに付け込み暴利を貪るケースもあり、市長の田辺男外鉄《たなべおとてつ》（元海軍機関少将）も、軍港市民として「不名誉を蒙る」ものと諌めるほどだった（「大正三年八月二十日」『新横須賀市史』資料編・近現代Ⅱに掲載）。

開戦翌年の大正四年九月には、横須賀製鉄所が開所五〇周年を迎えた。海軍は「横須賀海軍工廠創立五十周年祝典」を開催、工廠内の工場を会場とした祝賀会には朝野の名士が来賓、元帥となった東郷平八郎、海軍大臣の加藤友三郎以下、各大臣も招待され、これを祝した。工廠では四〇年以上の勤続者一一名（技手以下伍長）に褒状と賞牌の授与が行なわれ、それ以外の職工らにも、一日三時間の労働に対し一日分の給与を三日間振舞うなど労った（『東京朝日新聞』大正四年九月二七日）。

また、幕閣だった小栗上野介《おぐりこうづけのすけ》を「軍港の一大恩人」として称え、諏訪神社では殉難職工忠魂祭も行なわれた。前夜祭には大勝利山で花火を打ち上げ、家々の軒先には花や提灯が掲げられた。また、町内を花車と大屋台がまわり、鎮守府前の大余興場では芸妓連の手踊も催され、市を挙げてこの記念祝賀を楽しんだ（『横浜貿易新報』大正四年九月二八日）。開廠五〇年の祝日ではあったが、海軍工廠を支える横須賀市民の日でもあった。

海軍がこの時期、工廠職工に気を遣い始めたのには訳がある。大正初年からの造船景気に伴い、高度な造船技術を有する工廠職工の民間造船所への引抜きが活発化したからである。工廠職工の造船技術は民間造船業から高く評価されており、以前から問題視されていたことではあったが、戦時景気で練工の引抜きが露骨になった。伍長や組長として工廠に籍を置きつつ、民間造船所と二重勤務の契約を結ぶ者が多数見られるほどだった。

職工引抜き合戦

大戦景気に伴い、工廠工員の給与も急増した。横須賀でも、物価高騰によって市内の工場で増俸臨時手当が支給されると、「青服の黄金時代」（青服とは職工の作業服のこと、「なっぱ服」とも）が現出した。工廠で働く一七歳の職工が、一か月四八円九〇銭を稼ぐなど、「昨今はザラ」というほどの好景気だった（『横浜貿易新報』大正六年九月二〇日・七年一〇月一日）。

海軍は黌舎や海軍造船学校、海軍造船工練習所などで、技術教育に力を入れてきたが、近年では卒業と同時に民間企業へ就職する者が増えていった。この異常な職工景気が背景にあり、これを規制する力を持たない海軍省は、慌ててその引留め工作にかかった。

その方策の一つは、海軍が民間造船会社一五社との間で協約を結び、相互の連絡により問題解決を図ろうとするもので、一五社のなかに浦賀船渠会社も含まれていた（浦賀船渠株式会社編『浦賀船渠六十年史』)。さらに熟練工の勤続表彰もその一つである。大正五年(一九一六)一月、四〇年以上の技手以下伍長一一名、三〇年以上一九七名、二〇年以上四四七名、さらに一世帯から三名以上の工廠勤務者六六三名を表彰し、彼らに高い評価を与えることで、民間への流出を抑え込もうとした(『横浜貿易新報』大正四年九月二七日)。しかし、こうした方策も、あまり効果がないまま貴重な人材が民間へ流出していった。

「八八艦隊」構想の登場

日本は、日露戦争で極東方面のロシアの勢力を駆逐すると、移民問題で関係が悪化していた米国を仮想敵国に据え、「帝国国防方針」(明治四〇年)に基づき、戦艦八隻・巡洋艦八隻(艦齢八年以下で編成)の「八八艦隊」という壮大な大艦隊整備構想を打ち出した。艦齢八年を更新しつつ、駆逐艦や補助艦艇も建造するという驚愕の構想であり、当時、建造費と維持費の両面からほとんど実現困難とさえされた。

ところが、第一次世界大戦が国内に特需をもたらすと、海軍省による「八四艦隊計画」(大正四～六年)、「八六艦隊計画」(大正六～七年)を経て、ついに大正八年(一九一九)に「悲願」の「八八艦隊」予算案が議会を通過した。夢のような話だが、これにより大正一六年までに戦艦四隻、巡洋戦艦四隻のほか、巡洋艦一二隻、駆逐艦七五隻、潜水艦約八〇隻という「大海軍」が実現する予定であったから、海軍工廠はもちろん民間造船所も一気に活気づいた。

当時、呉では「長門《ながと》」と「赤城《あかぎ》」を、佐世保では「北上《きたかみ》」をそれぞれ艤装中であり、横須賀や舞鶴もまた一気に多忙となった。まさに八八艦隊の建造計画で、失業中の造船工は救われたのである（『東京朝日新聞』大正九年八月七日）。

艦隊計画と基地拡張

八八艦隊計画の実現は単なる軍艦の増産にとどまらず、海軍工廠の拡充を伴うものだった。海軍大臣の加藤友三郎が首相の原敬らに提出した「海軍軍備充実ニ関スル議」に「軍港要港ノ整頓」が盛り込まれたように、建設維持には軍港施設拡充が不可欠だった。

横須賀の場合、航空隊増設とともに、大正七年（一九一八）六月には戦艦「陸奥《むつ》」が起工したが、大正九年、戦艦「天城《あまぎ》」起工を前に、再び船台の延長が必要となり、さらにガントリークレーンを八二・二九メートル陸側に延長しなくてはならなかった。延長個所は第四五号道路（現国道一六号）を挟んだ元町の片側の「三角地」（民有地二二四〇坪。現在のベースゲート脇、市立総合福祉会館周辺）で、ここには十数世帯が居住していた。

住民は買収地の縮小を求める陳情書を市に提出したが、市は「国防上より取払は不得止《やむをえず》」という立場を取っていた。主な土地所有者は御用商人だったが、市は買収に応じない者へ御用停止を命じたため、市会議員や飯田屋（御用商）、雑賀屋《さいかや》（呉服店）らが「民業圧迫の不都合」を訴えて交渉に応じなかった（『横浜貿易新報』大正八年一〇月二八日）。海軍内部からも同地買収への反対論が多くあったが、横須賀鎮守府司令長官の名和又八郎が直接交渉にあたったため、所有者は「泣く泣く」立ち退きに同意した（岡本良平編『岡本伝之助随想録』）。海軍が土地収用に乗り出したのは、この時が初めてであった。

街の改造と期待

鎮守府は八八艦隊計画実現へ向けて整備を進める過程で、鎮守府庁舎の改築・移転や航空隊の拡張、「下士官学校」設置、海軍病院の拡張、機関学校の拡張と矢継早に計画を打ち出した。

一方、横須賀市でも、海軍の整備計画に便乗するかたちで、土地計画に基づく一大変革を期待した。市長の奥宮衛《おくのみやまもる》は、起伏多く道路が狭隘な軍港市区に、幼児学童のために安全な小公園が必要として、同じ軍港の佐世保市に倣って公園の急設を企画するなど、八八艦隊計画に伴い、〈軍港都市〉としての体裁整備に動き出そうとしていたのである（『横浜貿易新報』大正八年四月一八日・一〇年五月一九日）。

さらに、今後の海軍の発展・拡張に伴う用地買収を想定し、これまで「横須賀市の繁栄中心地たる元町」から、田戸方面にその「繁栄的中心」を移動させるべきという主張が「軍港の某当局」からなされた。

それまでにも横須賀鎮守府関係者が市内の小規模な改造を要望した例はあったが、実現に至らなかったのは、軍港都市として建設された呉や佐世保とは異なる横須賀を、軍港都市に再整備することが容易ではなかったからである。八八艦隊計画に伴う横須賀海軍工廠の拡張計画は、旧態然とした軍港都市に大きな変化をもたらすものと市民も期待した。

第一次世界大戦バブルの崩壊

大正七年（一九一八）一一月一一日、休戦協定が結ばれ、四年三か月続いた第一次世界大戦が終結。翌年六月二十八日にはドイツと連合国との間でヴェルサイユ講和条約が結ばれた。大正八年六月一八日には、遠い地中海での護衛任務を終えた第二特務艦隊が、横須賀に帰港してきた。猿島《さるしま》沖に艦隊が姿を現すと、軍港付近では「待ち詫《わび》し家族」や「満山埋むる見物人」、馬鹿囃子を乗せた歓迎船が彼らを出迎えた。同日到着した戦利ドイツ潜航艦は七月に横須賀で公開され、工廠職工らには慰労金が給与された。

しかし、休戦協定によって職工の買手市場も終わりを告げ、工廠や造船所での作業は激減した。休戦一か月前の大正七年一〇月はまだ職工景気下にあったが、職工らの間には不穏な空気が漂い始める。工廠では翌八年に、「職工生活改善」のためとして定期残業を廃止して、一〇時間制とし、手当を一割増したほか、一か月限定で一年以上勤続者に臨時手当を支給したが、作業量自体の減少は不可避だった（『横浜貿易新報』大正八年五月一一日・六月一四日・六月二九日）。

こうしたなか、大正八年一一月には海軍工廠造兵部（長浦）の記録工であった山本延寿（元巡査・新聞記者）が、職工の「内的修養ノ機関」（「桜田文庫」）として「啓進会」を結成した（会員約二五〇〇名）。ところが、工廠側はこの啓進会を「労働団体」として捉え、造兵部長は早々に山本を解雇し、会を監視下に置いた。その結果、啓進会は事実上の「自然的解散」に追い込まれ、東京汎労会横須賀支部設立関係者も解雇された（『横浜貿易新報』大正九年三月一〇日）。海軍が景気悪化に伴う労働運動の活発化を警戒し、早期にこれを摘み取ろうと動き出したのである。

ワシントン軍縮会議の衝撃――大量解雇問題と海軍依存からの脱却

八八艦隊計画の幻

八八艦隊計画という海軍の悲願達成へ、期待に胸を膨らます軍港都市に秋風が吹き始めたのは、大正一一年（一九二二）一一月頃からだった。

アメリカの提案で開催されたワシントン会議には、日本・イギリス・アメリカ・フランス・イタリア・中華民国・オランダ・ベルギー・ポルトガルの九か国が参加した（一九二一年一一月一二日～二二年二月六日。図16）。この時、日本を含めた五大国の間で締結された海軍軍縮条約によって、向う一〇年間の主力艦建造が停止され、さらに、保有主力艦の総トン数比率が定められ、補助艦艇も制限されることになった。初めての軍縮条約であったが、アメリカにとっての主なる目的は、アジアに台頭する日本海軍の拡大阻止にあった。

図16　ワシントン軍縮会議議場

ワシントン会議が軍艦建造に関わる重大な問題であることは、職工らも漠然とは認識していたようである。ところが蓋を開けてみると、建造はおろか、計画や建造をすべて中止し、艦齢十数年を経た戦艦「薩摩《さつま》」「生駒《いこま》」「摂津《せっつ》」など五隻、巡洋戦艦「鞍馬《くらま》」など三隻、ほか海防艦一〇隻など、計二四隻の解体という大打撃を被ることがわかった。

会議の結果を受けて横須賀でも、建造中だった戦艦「尾張《おわり》」、巡洋戦艦「天城」が建造中止となった。無論、このような規模の軍縮は誰もが経験したことがなかったが、何よりもの衝撃は、議会を通過したはずの八八艦隊計画が雲散霧消したことだった。これにより職工らの大量解雇は免れるはずもなく、〈軍港都市〉の景気はこれを機に悪化していったのである。

大量解雇前夜――闘う職工！

第一次世界大戦の終了とワシントン軍縮により、海軍から受注を受けて設備拡張を進めていた民間造船会社は深刻な状況に陥ったが、海軍以外の受注もあり、直後から影響を受けたわけではなかった。たとえば浦賀船渠株式会社は、海軍からの受注に伴い造船台の延長や設備増強を計画していたが、たまたま埋立許可が遅れていたため、被害は僅少で済んだ。しかし、海軍は造船各社に補償金を支払わざるを得ず、このため浦賀船渠も海軍省から約四四万円を受領している（浦賀船渠株式会社編『浦賀船渠六十年史』）。

この危機的状況を、当の海軍側は楽観視していた。さしあたり二等砲艦一〇隻、一等駆逐艦七隻、二等駆逐艦一〇隻、航空母艦一隻の合計二八隻に及ぶ補助艦艇建造計画の繰上げや廃棄艦艇の解体工事ため、職工の失業は「二、三年間は実際上に於て無いだらう」と考えていたのである。

民間造船会社の労働争議がいっそう激しさを増すなか、これとは正反対に「海軍工廠多忙」などと報じられたが、現実はそう甘くなかった。艦艇廃棄に伴う経費は追加予算に求められず、そのうえ解雇手当などの常備費が次年度予算に占める割合も増加するため、大正一一年度の縮小余剰金から支出せざるを得なかったのである（『横浜貿易新報』大正一一年二月八日・三月一二日・五月八日）。そもそも艦艇の大量解体など海軍省は未経験だったこともあり、見積もりが甘かったと言わざるを得ない。

海軍の努力

軍縮のさなかも、横須賀鎮守府は軍港や軍艦の見学など、海軍思想の普及を積極的に進めた。ワシントン軍縮条約で未完成の艦は廃艦にすることが決められていたが、廃艦か否かで話題になった戦艦「陸奥」も見学対象とした。大正一一年（一九二二）二月〜三月には、東京女子師範学校の職員や生徒、衆議院議員の見学はもちろん、出港間近に敷設艦へ類別変更された「阿蘇《あそ》」や、軽巡洋艦「北上」の見学には誘致さえ行なった。この点は海軍航空も同様で、航空機による曲芸や「秘術」を横須賀上空で披露するなど、市民は足を止めてその妙技に魅せられるほどであったという。また、同年三月には「海軍マラソン」も実施するなど、これでもかというほど海軍のイベントを続けた。

しかし、大量解雇が目前に迫り、市民が軍港への冷気を感じ始めると、今度は市民のなかに「軍備縮小観」が広まった。軍港市民としては死活問題だが、海軍も軍港の不況や海軍の縮小を望むはずはない。このため海軍省は、軍縮条約締結後も海軍の大演習実施に向け、第四五議会で演習予算を通過させ、これを「誤解を此機会に一掃せん」がための好都合と捉え、海軍記念日（毎年五月二七日）も例年より盛大に行なうこととした。さらに記念日前後に海軍が各地で開催していた講演会にも力を注いだ。

海軍がかくも躍起になっていた背景には、軍縮の影響による海軍志願兵の急減があった。大正一一年二月の志願状況は、神奈川県内四〇〇名の割り当てに対し、七〇名しか集まらなかった。この状況に対して海軍は、「軍備縮小と海軍撤廃と曲解」する「極端な無理解な思想」を払拭する目的も果たさなければならなかった（『横浜貿易新報』大正一一年二月二二日・二月二四日・三月一五日・五月二三日）。軍縮に始まる「海軍の休日」で、国民の海軍離れが進むことに危機感を抱いたわけであり、このような「海軍の大宣伝」は海軍にとっても初めてのことであった。

労働運動への警戒

他方、軍縮以前からすでに片鱗を見せつつあった労働運動に対し海軍は、大正八年（一九一九）八月に、工廠職員以下相互間の意志の融和疎通を図るべく、「工廠職員以下懇話会」を設置したほか、同じ八月には「職工精神講話」を毎月開催した。また、大正一〇年七月には「社会問題ニ関スル健全ナル智識ヲ得シムル」ために、横須賀、呉、佐世保の三工廠で「労務者講習」（のちの従業員講習）も始められた。

このためか、労使協調を目的に設置された協調会は、

海軍方面の官業労働者中には、未だ労働団体の見るべきもの無く、他方当局者の注意

も行き届き、且つ相当当局を信頼せる為め、未だ人員淘汰の具体案を見ざるに先ちて、徒に軽挙妄動するが如きは却て損失を招くの虞ありと考ふる者割合に多く、為めに具体的運動を為さざるのみならず、陸軍関係労働団体の勧誘あるも気乗りせざるの有様なり（協調会情報課「本邦労働運動調査報告」大正一一年一二月）

と、軍港都市の労働運動を過小評価していた。

ところが横須賀では、大正一〇年末から「労働者扇動家」を自称する集団の、馘首《かくしゅ》（免職）職工への手当金を要求するビラの配布や演説があり、翌一一年二月には造兵部（田浦）にも多数の「扇動家」が入り込んでいた。これは工廠職工によるものではなかったため、工廠側は一時放置したが、埒が明かないと判断した造兵部長の吉田太郎（造兵少将）は、自らが執筆した『善化』という小雑誌を職工らに無償配布した。内容は詳らかではないが、当局側の同問題に対する考え方をまとめたもので、工員個人の判断に一任するという「放胆な」手段であり、「扇動家」の強制的排除を目指すものではなかった（『横浜貿易新報』大正一一年二月四日）。ところが翌年二月に行なわれた官業労働総同盟第四回大会には、横須賀海軍工廠から五名の代表者が、当局の圧力により出席できなくなるなど、次第に圧力が高まっていったのである。

一方、官業労働組合としての工友会は、職工共済会と大正初年から対立し、何度も解散の危機にあった。そうしたなか、工廠長の船越楫四郎海軍中将は、海軍共済会との合併を提案したが、工友会会長の飯田盛（森）太郎はこれを拒絶した。その後、同会は大正一三年二月に社団法人化され、翌二月には横須賀・呉・佐世保・舞鶴・広の五工廠の従業員四五〇〇〇名からなる海軍労働組合連盟が結成されている。

解雇開始

解雇問題が深刻化した造船界では、石川島《いしかわじま》、浅野などの大造船所で労働争議が頻発した。民間造船所の争議の原因を労働賃金と職工待遇と捉えた横須賀海軍工廠では、当時一万八〇〇〇人いた職工のうち、一年以上の精勤者に対し、男性平均一日五銭、女工見習に三銭七厘の増給を即時断行した。増給対応は横須賀工廠のみであったため、「全国造船界の模範」とされ、「廃艦千客万来で工廠大多忙」（『横浜貿易新報』大正一一年九月二日）と報じられた。しかし、虚栄を張り辛うじて命をつないできた工廠でも、泥縄的な軍縮対策はほどなく破綻する。

大正一一年（一九二二）九月の工廠長会議で、艦政本部長の岡田啓介が、

職工ノ整理ニ付テハ従来可成丈努メ来リシモ解職手当案モ既ニ大蔵省ノ審議ニ上リ不日制定ヲ見ル順序トナリタルヲ以テ十月中旬頃第一期ノ整理ヲ行ハントス

と述べると、一〇月二〇日に第一次職工整理を断行、横須賀ではまず二六三名に解雇が言い渡された（横須賀海軍工廠会編『横須賀海軍工廠外史』改訂版）。以下、表15に見るように

大正一四年までに関東大震災を挟んで、四四八四人が段階的に解雇されていった。

陸軍の計らい

軍縮を進めたのは海軍だけではなかった。大正一一年（一九二二）八月、不入斗の重砲兵第一連隊が千葉県国府台《こうのだい》へ移転した。臨幸の歴史ある連隊だっただけにその送別式は「悲痛な告別式」となり、〈陸軍の街〉も少し寂しくなった。

表15　軍縮・整理に伴う職工解雇数（特務士官以下）

	年　月　日	整理事由	解雇数(人)
1	大正11年10月20日	ワシントン軍縮	263
2	大正12年11月20日	ワシントン軍縮	1,722
3	大正13年５月20日	事業縮小	1,695
4	大正14年４月20日	事業縮小	804
		小計	4,484
5	昭和６年４月18日	ロンドン軍縮	1,837
		合計	6,321

（出典）横須賀海軍工廠会編『横須賀海軍工廠外史』改訂版（1991年）より作成.

しかし、翌一二年四月三日の横須賀重砲兵連隊記念式では営庭を開放して、連隊主催の大運動会を開催した。これは市内の小学生以上の者が参加するもので、「軍縮騒ぎで意気が妙に消沈してる折柄是又士気振興上甚だ妙案」と、横須賀市は大きな期待を寄せた。

軍縮条約発効後、横須賀市では「職業紹介所規定」を定め、失職者対策に乗り出していたが、その甲斐なく街全体は暗く沈んでいた。そもそも陸軍側のイベントに、市の小学生を参加させるなど初めてのことであり、軍港陸軍の粋な計らい、とでも言えそうである（『横浜貿易新報』大正一二年三月一四日）。

軍港四市の助成金運動

既述のように、横須賀市の発展過程で、市域には多くの海陸軍施設が配置された。市域の約一八七〇ヘクタールが軍用地で、それらがすべて非課税だったため、市税収は低かった。常に不安定な財政は、海軍にしか依存できない軍港経済の構造的な問題であった。大正七年（一九一八）には租税収入の増額を図るべく、政友会派の市議らにより特別税戸別割が提議されたが、神奈川県がこれを脚下した。それを受けて市会は翌九年二月、特別税観覧条例を可決、さらに一一月には特別税特別消費税（遊興税）を可決した。しかし、多年にわたる財政難の解決に寄与できなかった。

そのため、同様の悩みを抱える軍港市町村（横須賀市・呉市・佐世保市・中舞鶴町・新舞鶴町・田浦町・広村・大湊村など）が参集し、海軍省に助成金を申請した（「海軍助成金」）。海軍側も各市町村の財政状況を酌量し、大正一〇年暮れに「市町村助成規則」を布達したが、これに前後して軍縮条約の締結があった。

そのため横須賀市でも「助成金取消」が懸念されたが、結果として大正一一年度は助成金を得ることに成功した。ただ、他市町村と比較して財政的余裕があると判断された横須賀市の配給額は、必ずしも高額とは言えない呉市や佐世保市をさらに下回っていたため、長年に渡り増額運動を継続しなければならなかった。この状況は昭和七年（一九三二）になっても変わらず、横須賀市予算の二〜三％程度を占める低額にすぎなかった。助成金額が市歳入総額の二五％を超えるのは、敗戦色が濃くなる昭和一八年度のみで、開戦以降でも一〇％前後、それ以前は五％前後にすぎなかった（『新横須賀市史』通史編・近現代）。

海軍依存からの脱却を模索

職工らの大量解雇が浦賀船渠会社、海軍工廠と続き、横須賀市内はめっきりと冷え込んだ。このため横須賀市では、市内外に溢れ出す失業者支援が急務となり、職業紹介所を増設して解雇職工らの失業対策にあたったが、芳しい成果は期待できなかった。そもそも五人に一人が海軍関係者で、官業以外の産業がほとんど育っていない海軍依存の横須賀市が、このような危機的状況下では為す術がほとんどなかった。

しかし、海軍依存体質から脱却を図ろうとする動きはあった。この時期、新たに助役に就任した国友徳芳は、市政改善計画の手始めとして電気鉄道の敷設を提案し、さらに商工課の設置も提案、その理由を次のように述べた。

軍港地としての横須賀は……生産的事業に於ける横須賀市を瞥見すると全く一顧の価値もない、……元来横須賀市は従来ともに余りに軍港といふ事に頼り過ぎてる様だ、……田戸埋立地も軈《やが》て完成されるし近郊は益々拓けて時代は海軍にのみ頼つてるものを振り捨てゝ先を急ぐ、私は此処に於て市民の間に軍港といふ羈絆を脱しても充分商工的勢力を持続し得られる程の実力を有して貰ひたい為に一層奮闘を希望したい……（『横浜貿易新報』大正一一年七月三〇日）

海軍に依存する横須賀市に生産的価値がないため、商工業の生産力を養いたいという考え方は、海軍依存からの脱却を意味している。もちろん完全なる脱却ではなく、海軍に依存しつつも、共倒れしない確固たる産業基盤を確立し、独立した都市としての気概を持つ都市をつくるべきという趣旨である。

また、同案では商工課を市民が「商工的勢力」となるための助成機関として位置づけ、近い将来実現されるであろう横須賀鉄道の延長と目の前の東京湾を利用することで、「他市に誇るべき立派な新天地が開拓される」ことを市民に提言したもので、そこには海軍の一文字も見られない。この案が軍縮のため「萎靡沈滞せる市に大きな衝励」与えたと高く評価されたように、商港の設置は、「横須賀市多年の懸案」だったのである（永塚利一『石渡坦豊伝』）。

商港化へ向けて

「商港的勢力」の前提としては、商港となるべき港湾の整備が必要となる。内務省港湾調査会は、前述の助役の提言と都市計画を実施する予定の横須賀市に対して、横須賀と浦賀の二港を神奈川県の指定港とし、根本的調査を移牒してきた。まさに「商港の機運」が急速に高まってきたのである。

市には、電燈会社付近の若松町海岸に築港の腹案があった。それは、大滝埋立事務所との間に小川港の約二倍規模の港に正方形一方口の防波堤を建設するというものですでに市会の了解を得ていた。「運輸交通の敏捷と労働能率の増進とは市民の福利の為緊急欠くべからざるもの」との認識で一致した市会三派の議員たちは九月七日、横須賀商港施設改良期成同盟会を組織、これにより軍港地の「商港繁栄策」は次第に具体化していった。対象の小川港（戦後の埋立てで消滅）は、大正当時「横須賀市における唯一の港」だったが、市はこの地に何らの施設も設けていなかった。一方、海軍も小川港の商港化自体に何らの関心も示さなかった。市には、この小川港を埋め立て田戸へ通じる「八間道路」を建設する計画もあったが、それはまた海軍側の希望でもあった（『横浜貿易新報』大正一一年九月三日・一〇日）。

また横須賀市は、重要道路の新設拡幅のみならず、衣笠公園下の「大植物園」開設と、陸軍の撤退を前提にした練兵場跡の公園化や猿島の遊園地化など、軍施設を「都市改良の資源」にすることも考えていた。

ところが、横須賀市が軍縮を機会に、商港としての機能を持ち合わせた都市構想の実現を図り始めた矢先、関東大地震が発生したのである。

関東大震災と横須賀

震災直後の横須賀

大正一二年（一九二三）九月一日午前一一時五八分、神奈川県西部を震源とするマグニチュード七・九と言われる巨大地震が発生した。この未曾有の大地震は、建物の倒壊や土砂崩れ、直後に発生した火災など、関東各地甚大な被災を出した。

横須賀も、各所で崖地の崩落が発生した。とりわけ横須賀駅から汐入《しおいり》方面へ向かう道路脇（鎮守府給品庫横）の崖の崩壊では、修学旅行中の女学生一二〇名と近隣住民が巻き込まれる大事故となった（『大阪朝日新聞』大正一二年九月七日）。

横須賀の市街地は埋立て地で構成されていたから、地盤の脆弱な海岸付近を中心に、家屋の崩壊や火災、土砂崩れが生じ、その被害は甚大となった。現代で言う「液状化現象」

も報告されている。軍港内では、海軍病院（深田）、海兵団、機関学校が全壊、建築部倉庫も出火、電信電話不通、水道断水となった。また、箱崎重油槽が破壊され、重油が海面に流出したことから「火焰冲天ノ勢」をもって軍港内は火の海となり、黒煙が天に立ち込めた。その凄まじさは、房総方面から見ると、「横須賀に噴火山出来《しゅったい》」を思わせるほどだった（横須賀市震災誌刊行会編『横須賀市震災誌―附復興誌』）。鎮守府庁舎も崩壊したため、庁舎の前に仮司令部を設置し、防火隊の派遣、救助活動、港内艦艇の避難などを命じるなど対応にあたった（「大正十二年　公文備考　巻一六〇　変災災害」）。

横須賀市役所も、庁舎が倒壊したので、庁舎の前にテントを張って執務したが、鎮守府内庭内が解放されたため、すぐに同地へテントを移転した。その他の官公署の事務は、しばらくの間、鎮守府前の〈テント村〉で行なわれた。

巨大地震発生から二日後の九月三日、横須賀市も戒厳令の適用を受け、横須賀鎮守府司令長官の野間口兼雄（海軍大将）が横須賀市および三浦郡の戒厳司令官となった。

海軍の活動

在泊中のほとんどすべての艦艇では、震災直後から防火隊や救護班を編成して陸上（横須賀市内）へ送り込んでいた。重油の流出のため、一時は軍港の外へ退避したが、数時間後には軍港内に戻り、再度防火隊などを市内に送り込み、消火と救護にあたった。また、任務により各方面に分散していた鎮守府麾下艦艇に対しても、

図17　関東大震災で被害を受けた汐留町通り
（後方は海軍工廠のガントリークレーン）

図18　海軍水兵による救援・復旧作業

在泊艦艇の通信機を経由して防火隊の派遣を命じた（前掲『横須賀市震災誌附復興誌』）。

東京の海軍省はまず、演習中だった連合艦隊司令長官の竹下勇（大将）へ、巡航の中止と、適宜に横須賀・大阪・呉の三港に配置した救難輸送の任務に服すよう命じた。当時、連合艦隊は中国の遼東半島東側の長山列島にあったが、九月五日の「震災救護任務ニ関スル件」（官房第三〇五一号）に基づき、連合艦隊命令を発し（九月六日）、状況調査や救護、海上交通の警備などにあたった（横須賀鎮守府編『大正十二年震災誌』）。

また、呉鎮守府司令長官の鈴木貫太郎（中将）、佐世保鎮守府司令長官の斎藤半六（中将）へは、陸軍が予定している大阪天保山の糧秣廠から東京芝浦への糧秣輸送と軍需部在庫米の三分の一の輸送が要請された。また、大湊要港部長の大石正吉（中将）へは、大湊在泊中の「春日」に、宮城県を経由しての食料品輸送を要請し、霞ヶ浦航空隊へは自動車、ガソリン、「運転兵」の派遣要請を行なった。これらはすべて海軍省から発せられている。

陸軍の活動

一方、関東大震災における横須賀の陸軍側の人的・物的損害は奇跡的に少なく、重軽傷者六名のみだった。建物も屋根瓦の一部が落下した程度で済んだので、全力で救援活動ができたという。

陸軍による組織的救護・警備行動は早く、当日第一震後、一時間余を経た午後一時から始まった。まず司令部のある上町（中里付近）一帯で発生した猛火を、重砲兵連隊の「百人以上の兵」で消火にあたり、罹災者二〇〇〇人を不入斗練兵場、要塞司令部など陸軍用地に避難させ、全焼した海軍病院の患者二〇〇名とともに戦時用糧食を分配給与した。

二日目には、鎮守府と要塞司令部、重砲兵学校との間に軽便電話を敷くなど、海軍側と連絡を取りつつ、市内住民の救護と崩落した道路復旧などにあたった。震災直後からしばらくの間、市内の官公衙の通信は、この軍用電話の架設により便宜を得ている。

救援隊は、連隊命令により大隊ごとに「下町」「上町」、および救護活動中の警察支援に派遣された。その後、上級部隊としての第一師団へ報告がなされ、翌二日午前七時、「貴官の取りたる処置は同意する所なり」として承諾を得ている（前掲『横須賀市震災誌―附復興誌』）。

陸軍では、明治末期に「災害出動制度」が確立されており（吉田律人『軍隊の対内的機能と関東大震災』）、関東大震災ではこれに基づき柔軟かつ組織的計画的に行動できた。

これに対し海軍では、震災時の防火救済活動に関する鎮守府内部の報告に、（一）遠方からの救護隊派遣には相当の日数を要するため、負傷者が多数でも、「一通リノ救急処置」ができるよう準備しておく必要があること、（二）感冒や胃腸炎などの内科的疾病にも対応する必要があること、（三）救護作業については、今回のような天災にあたっては戒厳令の有無にかかわらず、所在する海軍部隊は「独断」が必要な方面に対して迅速に警衛救護作業を断行する必要があるとの意見が提出されている。また活動範囲などについても、今回の震災を参考に諸規定にとらわれて時機を失することがないことを緊要とすることを反省すべき点として挙げられていたから、陸軍のそれと比較すると、海軍の災害対応は即時的、組織的には充分ではなかったようだ（前掲『大正十二年震災誌』）。

軍隊の力

震災当日の横須賀軍港には、「榛名《はるな》」「日進」「五十鈴《いすず》」「阿蘇」「鳳翔《ほうしよう》」「関東《かんとう》」「富士《ふじ》」など、戦艦、巡洋艦、駆逐艦、水雷艇などを合わせて一三隻が在泊しており、そのうち「阿蘇」と「富士」の接触事故以外は、おおむね無事であった（前掲『横須賀市震災誌―附復興誌』）。また、陸上施設として生徒数では「最大の部隊」である横須賀海兵団や、練習部、生徒部を有する機関学校、術科学校（水雷・砲術・航海）、そして、海軍工廠内の各工場在職職工ら軍属を合わせると、軽重傷者らを除けば数千人規模の膨大な人的労働力がそこに存在していたことになる。

時間の経過とともに、鎮守府前には多くの避難民が続々と押しかけてきたが、彼らは「軍隊」に対し、何らかの保護や救済措置を期待したからにほかならない。一万人にも及ぶ軍人を抱える海軍の強力なマンパワーは、被災した横須賀市民の精神的支柱になっていたことは間違いない。横須賀に所在する海陸軍の存在は、被災した市民にとって救援救護という面で、結果的にほかの都市と比較にならないほどの〈恩恵〉だったと言えよう。

震災の翌年、大正一三年（一九二四）に、横須賀市は関係各人に対する感状と功労表彰を行なった。市会議員や警察、青年団、看護婦会や一般市民もその対象であったが、全体としては「克く万難を排して前途の光明に其生を全ふし得たるは、偏《ひとえ》に海陸官憲の恩恵に依らざるべからず」と、横須賀における海陸軍の存在が復旧復興に大きく貢献したことを強く称賛するものとなった。

災害と軍隊と横須賀市民

震災当時は横須賀市の市長は空席で、神奈川県の林茂が職務管掌として事務の遂行にあたっていたところで震災となった。このため病気給養中の前市長の奥宮衛が「市会全員一致の推薦」により、三たび市長を引き継ぐこととなった。奥宮は、市長就任以前は予備海軍少将であったから海軍に顔が通じ、野間口戒厳司令官は、「市の顧問として又市長として市と軍部との連絡に当られ一般施設の上にも相互の事情疎通の上にも非常に便利であった」と海軍兵学校の先輩である奥宮を高く評価している（前掲『横須賀市震災誌―附復興誌』）。

横須賀では地震後、多くの海陸軍人らが市民の救助にあたった。彼らの活動に助けられた命も少なくないであろう。斜面が掘削されて崖の多い横須賀は、この地震で崩落した箇所も多かったが、東京や横浜といった大都市に隣接するがゆえに、支援が後回しにされることは充分考えられた。市長の奥宮は、慰労会の席でほかの被災都市がほとんど無政府状態に陥り、騒擾紛糾しているなかにあって、軍港のある横須賀市が軍隊の活動によりそのような状況にならなかったことに謝辞を述べた。

震災直後の市の対応は、決して十分機能していたわけではなく、また、事前に災害対策が講じられていたわけでもない。このため救命、救護、食糧支援など、その多くが海陸軍の指揮下で行われた。軍港市民は救助や支援に尽力してくれた海陸軍に深謝したが、横須賀市は海陸軍に大きな借りを作ってしまうことになった。

震災直前まで、海軍依存からの脱却を図っていた横須賀市であったが、震災以降は市の幹部らによる海軍への挨拶まわりも増え、助役選考までも海軍の顔色をうかがうようになっていった（高村聰史「関東大震災後の海軍用地問題」）。このため、後述する「稲楠《とうなん》土地交換」という、市が大出血を伴う事業に際しても、横須賀市は海軍の要求するすべてを首肯する以外の手立てを失ってしまったのである。

横須賀軍港の完成と太平洋戦争開戦

海軍の基地整理計画――軍港の大改造

基地周辺の諸事情

大正一二年（一九二三）九月一日に発生した関東大震災は、横須賀に甚大な被害をもたらしたが、海軍は震災を契機に、これまでにない大規模な「基地整理計画」を実施する。具体的には、（一）「稲楠《とうなん》土地交換」事業、（二）機関学校の呉《くれ》（舞鶴）移転、（三）軍港周辺整備―軍民区分である。八八艦隊計画に際し立案された海軍の「軍事行政統一策」をベースとしたもので、その後は縮小されていたが、後述する軍民土地交換を主眼とする基地整理事業として、改めて「八年間の継続事業」に計画されたのである。

〈軍港都市〉横須賀にとって最大のネックが土地（平地）の狭さにあったことは既述した。呉や佐世保、舞鶴《まいづる》のように、軍港建設に際し事前に大規模な用地買収や周到な都市計画を行なっていなかった。寒村だった横須賀村に製鉄所が置かれ、しばらくの間は敷地不足を居住者のいる「半島」（稲岡村・楠ヶ浦村・泊村）の農地買収、ないし埋立てで補ったが、軍備の拡張、都市の発展の規模やスピードはそれを遥かに上回っていた。海岸沿いにあったはずの楠ヶ浦《くすがうら》村（民有地）は埋立ての結果、次第に内陸化が進んだ。従来より軍民有地が混在していた「半島」は、繰り返される埋立てで、いっそう煩雑になり、海軍は利用上も管理上も不便で、軍機保護上も不都合な状況に頭を悩ませていた。

そこで海軍省は、横須賀鎮守府《ちんじゅふ》からの震災被害報告書をもとに、発生から一一日後の九月一二日、震災処理に関する協議会を開催した。その結果基地内の火災は、周辺民家の延焼と判断、防災上の視点からも、民有地と軍用地の境界を明確化も含め、海軍施設を「一箇所ニ集合整理」することに決し、楠ヶ浦村全村と稲岡《いなおか》村の大部分の民有地と、海軍用地とを大規模に交換する事業に踏み切ったのである（「稲楠土地交換」）。

「稲楠土地交換」事業

大正一三年（一九二四）一二月八日、海軍の震災被害復旧委員会は、横須賀市長の奥宮衛《おくのみやまもる》に対し、海軍用地（三万一一六九坪）と民有地（楠ヶ浦村と稲岡町の一部、三万五五〇七坪）の交換を正式に提案した（表16・図19）。

当時、用地交換に関わる買収費用の支出が難しかった海軍省は、市内に散在する海軍用地を横須賀市に提供、市はこの土地をもとに民有地を買収するという「売払買入法」を採用した。煩雑な買収作業を横須賀市に肩代わりさせることで、整理のための民有地を確保しようとしたわけである。

貧乏くじを引いたのは、当然横須賀市である。当時、両村には多くの住民が日常生活を営んでいたから、交換に応じることが容易でないことは誰の目にも明らかだった。

一方、交換対象である海軍用地の多くは、荒廃に任せたままで、商業地からも遠く人気がなかった。このため地価も低く、移転料を含む海軍用地の地価評価が、民有地に対して

訳（大正12年当時）

民有地（内訳）	所在地	坪　数
楠ヶ浦・稲岡(宅地)	楠ヶ浦町・稲岡町	22,229
〃　　(山林)	楠ヶ浦町	10,937
〃　　(畑)	楠ヶ浦	2,280
楠ヶ浦墓地	楠ヶ浦	61
計	—	35,507

八七万六五一七円の差額があり、この分を横須賀市が負担せねばならなかった。

それに対し横須賀市議会は、「軍港都市としての横須賀、海軍あっての横須賀」、そして、「海軍へのご奉公」という信念から、満場一致でこれを受け入れた。その背景には、震災時の支援に対する感謝もあったようだ。もっとも神奈川県の道路計画（旧国道三一号）が海軍用地内にかかっていたため、一部、県の補助を受けることで負担を少し軽減できた。

一方、住民にとってこの問題は、「全く革命的生活境を

表16　交換対象となった海軍用地・民有

海軍用地（内訳）	所在地	坪　数
山崎建築材料置場	公郷山崎	1,163
中里官舎敷地	平坂上	655
大津射的場敷地の一部	大津	6,300
海軍病院敷地	深田	13,237
深田官舎敷地	深田	845
中里分院敷地	中里	4,350
中里分院官舎敷地	中里	690
汐入官舎敷地	汐入	511
海軍文庫敷地	汐入	1,443
汐留官舎敷地	汐留	1,975
計	—	31,169

（出典）　高村聰史「関東大震災後の海軍用地問題
『年報首都圏史研究』（2013年）より作成．
地名，坪数は，大正13年2月の正式文書
領第二九〇号）による．

定める重要問題」であった。しかも当時は大正デモクラシー全盛期。住民は「父祖伝来の地」を離れるのは忍びないとの理由から、案の定、容易に応ずる姿勢を見せず、事業は難航した。交渉中に結成された地主会有志が、黒龍会（明治三四年設立の国家主義団体）を利用して市に対し揺《ゆさぶ》りをかけるなど、土地評価額をめぐり一部住民と横須賀市との対立は泥沼化した。この間、土地交換事業を担当していた助役の栗田万五郎が急死、海軍省政務次官の降簱元《ふるはたもと》太郎《たろう》の調停も十分な効果はなく、奥宮市長のあと市長に就任し、この事業を指揮していた石渡坦豊《いしわたやすとよ》も、昭和二年（一九二七）五月、辞任に追い込まれた。

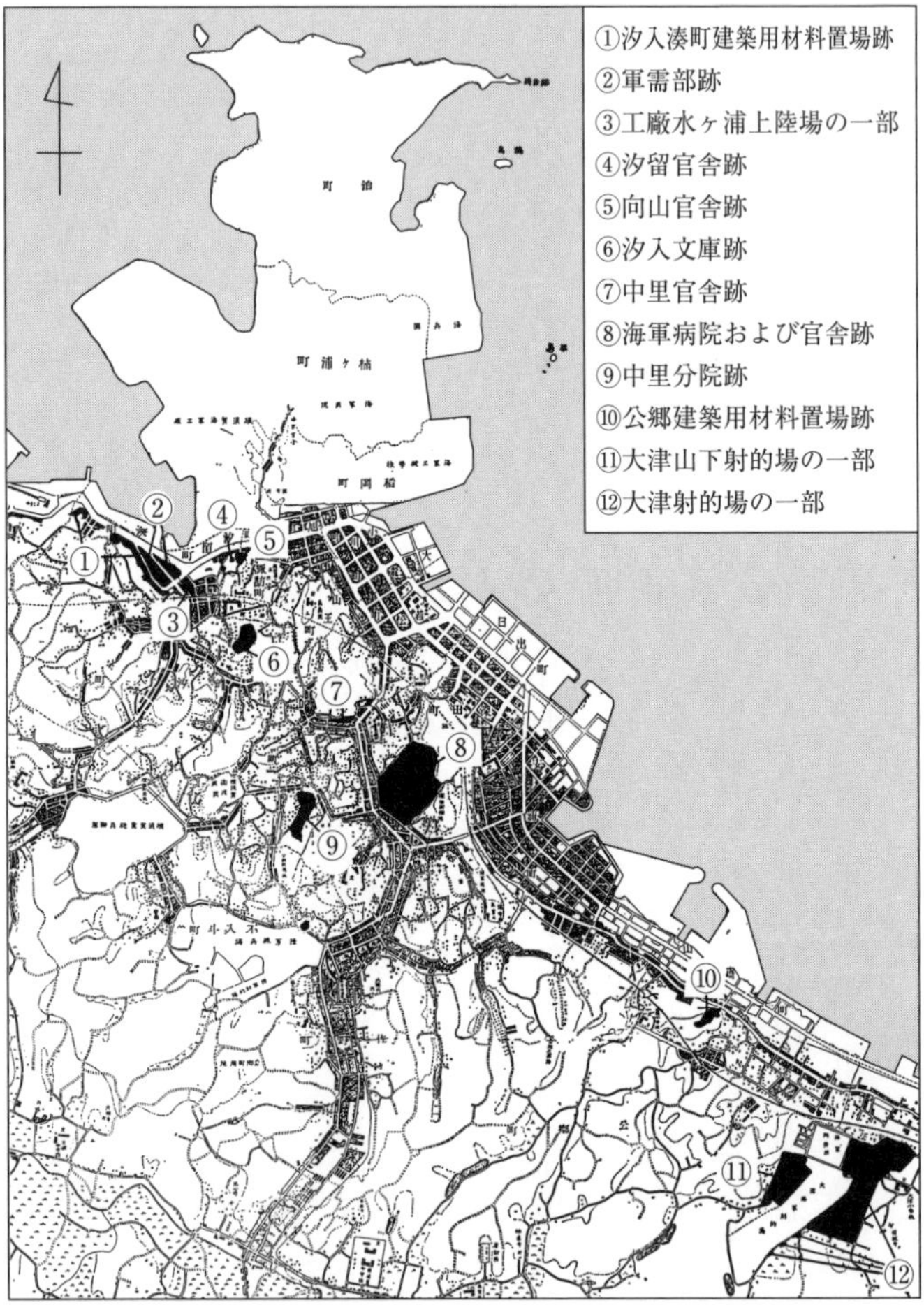

図19　稲楠土地交換概念図

（出典）『横須賀市史』上（1988年）．用地名は昭和４年時の資料によるもので，表16とは対応していない．

（注）黒い部分が海軍用地．

反対運動は徐々に低調となり、石渡市長が辞任した五月には大部分の買収を終えた。交換地売却などの事業が完了するのは満洲事変直前の昭和六年六月であるが、以降も燻り続けた（以下、本節は高村聰史「関東大震災後の海軍用地問題」参照）。

土地交換——海軍と横須賀

「稲楠交換事業」は、横須賀市が、甚大な損失を覚悟したうえで、あえて受諾したものだった。このため、横須賀市は、市の過去を通じて最大の至難期であり、震災復興や市民のための土木・教育・産業・社会、その他の事業が犠牲になった、と捉えている（『横須賀市史』上巻）。

ただ、海軍側の一方的な要請である反面、海軍側は市民に対し、決して無理な要求をしないという点に深甚の注意を払い、慎重な態度を堅持し、事業の推移については比較的客観的位置から見守っていたようだ。〈軍港都市〉横須賀が、海軍と別個の歩調では進展しないということを海軍が理解していたことはいうまでもなく、軍港都市との共存が不可欠である海軍にも、横須賀市を財政的に追い込む理由など存在しなかった。

後述するが（一九二頁参照）、海軍は昭和四年（一九二九）八月、財政で逼迫する横須賀市に対し、軍縮の廃艦作業により軍港内で爆沈処分させた初代の「津軽《つがる》」（二等巡洋艦）を、「幾分の補ひ」として横須賀市に無償譲渡したのだが、これなどは、一体不可分の関係を維持したい海軍と軍港都市との関係を象徴した例であろう。

「稲楠交換事業」自体は、横須賀市にとっても震災復興計画の一つである市区改正のための一施策とされており、震災以前からの都市計画や軍需部移転に伴う跡地利用、神奈川県による国道工事、そして横須賀市の都市発展上、利するものも少なくはなかった。

全壊した海軍機関学校の舞鶴移転

大正一二年（一九二三）九月二二日、震災から二一日後、横須賀鎮守府は全焼した海軍機関学校（稲岡町）のうち本部と練習科を残し、生徒科の一五四名を広島県江田島の海軍兵学校に移した。また、同じく焼失した横須賀海兵団の練習部を舞鶴要港部に移し、全焼した海軍病院（深田）の機能を機関学校の焼跡（現横須賀学院）に移し、バラックで再開した。生徒教育を一日もなおざりにしてはならないとの考えによる妥当な措置であろう。

ところが、呉の海軍兵学校内に一時的に居候《いそうろう》した海軍機関学校は、機関科将校教育制度改善策として有効とも考えられたものの、理想と現実のなかで、結局一年足らずで再移転を余儀なくされた（『新横須賀市史』別編・軍事）。新たな移転先については、旧所在地横須賀の（一）白浜（稲岡の旧位置）、（二）矢浜（横須賀市北部榎戸湾）、（三）舞鶴練習科（舞鶴）、ほかに（四）練習科を舞鶴、生徒科を白浜に分置する、の四つの選択肢があった。機関学校生徒や海兵団生徒の多くは、震災復旧がなれば、すぐ横須賀に復帰できるものと考えており、横須賀市民や旧機関学校関係者も同様に横須賀復帰を切望していた。しかし既述のように、旧所在地白浜にはすでに仮移転した海軍病院がバラックで再開業していたため、物理的にも機関学校の受け入れは絶望的となっていた。

他方、舞鶴要港部参謀長の池田他人（海軍少将）の強い要望もあり、大正一三年八月には舞鶴移転の方向で進められていった。当時、舞鶴要港部はワシントン軍縮条約で鎮守府から格下げされ、不況に喘ぐ舞鶴の現状を斟酌してのことと思われる。

横須賀市でも機関学校の移転を見すごすはずはない。一三年一〇月には市況への影響を憂慮した市民の間で移転反対運動も計画されたほか、横須賀市も市の盛衰に関する重大問題と捉え、海軍機関学校と横須賀海兵団の練習部の横須賀復帰を懇願した（『横浜貿易新報』大正一三年一〇月一四日・一四年七月一四日）。

しかし、鎮守府参謀長の寺岡平吾が機関学校復帰の可能性を暗に示唆したのは（『東京日日新聞』大正一五年一月二五日）、当時なかなか進展しなかった土地交換交渉の市に対する梃入れであろう。その時にはすでに舞鶴移転は決まっていたと思われる。

戻らない機関学校

ワシントン軍縮条約と関東大震災は、遠く京都府舞鶴にも影響を与えた。既述のとおり、舞鶴鎮守府は大正一二年（一九二三）に要港部へと降格させられていた。このことで、従来の舞鶴鎮守府の徴募区のうち秋田・山形・新潟・長野の四県を、横須賀鎮守府が抱えることになり、横須賀はますます多忙となったが、一方で舞鶴は急速に活気を失っていった。ことに軍港から要港へと格下げされた三舞鶴（新舞鶴・中舞鶴・西舞鶴）の人口激減は深刻で、八八艦隊の軍拡を見越して計画されていた小学校増築工事なども、中止せざるを得なかった。舞鶴も商港化への動きはあったようだが、これも頓挫し、今度は「舞鶴軍港廃港計画」に反対する三舞鶴町民大会まで開催されるほど、海軍依存への回帰が進んでいた（『舞鶴市史』通史編・中・下）。その後、三舞鶴は、昭和三年（一九二八）一月、本格的な舞鶴軍港復興活動に乗り出し、四月には「舞鶴軍港復活ニ関スル一府八県大会」が新舞鶴で開催された。実は、この大会には、明治末期から露呈してきた「裏日本」問題解消への地域住民の期待もあった。日本海に面した地方、すなわち「裏日本」が、表日本の進歩に比べて遅れているという問題を解決し、企業勃興や海運復興を図るために、鎮守府を復活させ舞鶴軍港時代の賑わいを取り戻そうという切実な思いも込められていたのである。

大正一四年末、機関学校の舞鶴移転が確定的となるなか、横須賀市では石渡市長が率先して反対運動を計画したが、海軍側から、移転するのはごく少数の生徒科のみなので市の盛衰に影響なしと伝えられ安心した。それも束の間、大正一五年一月には機関学校の本部移転が正式に伝えられ、横須賀には機関学校練習部のみが残されることになった。

工機学校の再設置と海軍

機関学校の舞鶴移転が決定すると、横須賀市民には絶望の色が広がった。鎮守府参謀長の宇川済（海軍少将）は「寧《むし》ろ練習部が拡張され機関が完備したと思へば宜《よろ》しい」と釈明したが、市民が納得できるものではなかった（『横浜貿易新報』昭和二年一月一〇日）。すると海軍省は昭和三年（一九二八）六月、舞鶴に移転した機関学校の一部（普通科・特修科）の学生を横須賀に移動させ、旧機関学校跡地に置かれていた海軍病院の隣の空き地に、新たに海軍工機学校を設置した。これは機関学校とは異なる鎮守府管轄の術科学校であり、勅令による事実上の旧工機学校復活ではあるが、機関術・船匠術の教授と研究調査をする機関である術科学校の設置を、横須賀市民は、おおむね平穏に受け止めている。

昭和三年四月、第五五回帝国議会で海軍省軍務局長の左近司政三《さこんじせいぞう》は、地方の疲弊の救済のために海軍も全力を尽している、と答弁したように、軍港都市の疲弊は地域に密着、依存せざるを得ない海軍にとって、軍略上においても重大な影響を受けるものだった（「官報号外　衆議院議事速記録」）。海軍側も、機関学校などの移転が横須賀の市の繁栄上、良くない結果を招くことは十分に承知していた。ただ、要港に降格させた軍港舞鶴の衰退を放置するわけにもいかなかった。このため、言わば救済措置として海軍機関学校を横須賀から移転させると、その調整を図るべく、横須賀に工機学校を復活させたのである。舞鶴ではそれから八年後の昭和一一年（一九三六）、海軍工作部は海軍工廠《こうしょう》へ復活、さらに三年後の昭和一四年には、要港部が鎮守府に返り咲いている。海軍にとっても軍港都市の軍事と「繁栄」のバランスは重要な課題だったのである。

「半島」の軍用地化

関東大震災を契機とした「基地整理計画」は、前述の「稲楠土地交換」を基軸としつつ、従来の横須賀基地の不具合を修正改善したものので、戦後まで至る「基地」の完成であった。

「稲楠土地交換」により従来の民有地（楠ヶ浦村・稲岡町の一部）が移転したことで、「半島」のすべてが軍用地となった。旧住民は汐入《しおいり》や深田といった旧海軍施設用地に移転したが、なかには海軍用地内の建造物の一部を残したまま交換したため、民有地内で現在もそのまま利用されている例もある（汐入の「海軍文庫」など。表17）。

鎮守府や工廠周辺の整理も進んだ。道路の拡張（第三一号道路）に伴い、従来の海軍施設も移動した。明治三五年（一九〇二）九月に設置された下士官兵集会所（下士官兵や兵卒、軍属対象の福利厚生、娯楽施設）は、この道路を挟むことになったが、隣接していた明治四〇年設置の横須賀海友社（准士官以下対象）と横須賀水交社《すいこうしゃ》（将校や特務士官以上）は敷地内に移転し、第三一号道路を挟んで対峙した。

陸軍用地を獲得する海軍

東京湾要塞が、東京湾および軍港防御を目的として建設されたことはすでに述べた（七五頁参照）。しかし、兵器技術の向上により火砲の射程が飛躍的に伸長したため、明治四〇年（一九〇七）以降、陸軍は要塞整理を進め、軍港周辺の砲台を次々と除籍した（要塞整理）。

明治一三・一四年に起工し、日本における近代砲台の先駆けとなった観音崎《かんのんざき》砲台や猿島《さるしま》砲台も例外ではなく、大正四年（一九一五）から震災後の一四年にかけて除籍が進み、一部を除いて軍港防御砲台も撤去され、「半島」内の陸軍用地も次第に管轄替えや廃止の対象となった。表18は横須賀周辺の旧陸軍用地の主な海軍管理替え状況を示している。大正七年以降、鎮守府では基地整理の方針に基づき、海軍用地への編入が進んだ。

この表18のうち、軍港に面した公郷《くごう》演習砲台（第一砲台、現中央公園）は関東大震災で被災し機能不全となり、除籍が決定した。すると海軍はこの演習砲台用地が民間に払下げられることを警戒し、昭和二年（一九二七）一月に海軍砲術学校測距練習地の設置を名目に陸軍に移管を要請し、海軍用地に編入した。

一方、猿島砲台（図20）は大正末期、海軍から陸軍へ移管されたが、被災を理由に除籍が報道されると、大正一五年七月に横須賀市が遊園地計画を提案、陸軍に対して払下げを求めた。当時、陸軍大臣だった宇垣一成は、これを好意的に受け止めたが、これを聞いた

表17　軍港施設の移転先

施設名	旧所在地	新所在地
海軍病院	深田村	稲岡町
軍法会議	公郷村	楠ヶ浦町
海軍文庫	汐入町	楠ヶ浦町
海友社	稲岡町	汐入町
水交社	汐入町	稲岡町
汐入官舎	汐入町	稲岡町 楠ヶ浦町

（出典）　高村聰史「関東大震災後の海軍用地問題」『年報首都圏史研究』（2013年）より作成.

管理換状況（〜昭和５年）

海軍省移管	移管後の利用状況
大正７年	海軍航空隊関連施設
大正期	信号所・倉庫
大正８年	海軍航空技術廠の一部
大正期	測候所・信号所・貯油所
大正14年	高角砲陣地
昭和２年	海軍砲術学校測距練習地
昭和３年	軍港防御用砲台敷地
大正13年	海軍砲術学校用地
昭和５年	海軍砲術学校用地・海兵団教育施設
昭和５年	一部借用，のち海軍へ
昭和４年	海軍用地154坪と管理替
昭和５年	軍港水道敷地220坪と管理替

用地問題」『年報首都圏史研究』（2013年）より作成.

図20　旧猿島砲台の切通と弾薬庫跡

表18　軍港周辺他の海陸軍用地

陸軍用地（施設）内訳	陸軍省除籍
夏島砲台	大正４年
波島砲台	大正４年
笹山砲台	大正４年
箱崎砲台	大正４年
猿島砲台	大正14年
公郷演習砲台	大正14年
西浦陸軍用地	大正14年
泊村陸軍用地（1）	—
泊村陸軍用地（2）	—
泊村陸軍用地（3）	—
泊村陸軍砲台通路一部	—
小原台演習砲台敷地一部	—

（出典）　高村聰史「関東大震災後の

海軍が突如として移管譲渡了解済みを主張したため、同年一〇月に再び海軍の管轄に置かれた。「理想的な検疫所」の設置が目的とされたが、そのような施設が設置された形跡はない。海軍は陸軍用地が民間に渡る前に確保すべく、躍起になっていたのである。

記念艦「三笠」誕生

軍縮ムードや関東大震災で冷え込む横須賀にとって唯一の明るい話題は、日本初の記念艦となった「三笠《みかさ》」であった。明治三八年（一九〇五）、日露戦争中の日本海海戦で華々しい戦果を挙げた連合艦隊旗艦「三笠」は、日本海海戦直後に佐世保港内で爆沈し、ようやく引き揚げられた直後に、今度はアスコルド海峡で座礁するなど受難の日々を送ったが、最終的には海軍軍縮で廃艦対象とされていた。

「三笠」と横須賀は、購入先であるイギリスからの回航地が横須賀だっただけで、特に深い縁があったわけではなかった。現在、三笠公園内（稲岡町）に銅像が建つ東郷平八郎も、横須賀鎮守府司令長官代理となったことはあるが、きわめて短期かつ事務的な人事で横須賀鎮守府司令長官の実務経験はない。ところが、大正一二年（一九二三）に廃艦が決定した「三笠」は、上部甲板の主砲などを撤去するために横須賀へ回航されたところ、たまたま軍港内での作業中に関東大震災に遭遇した。被災による浸水で前方へ傾斜し、港内で沈没する可能性があったため、一〇月一五日に鎮守府関係者の英断で至急白浜沖（機関学校横の海岸、現在地から三〇メートル沖）へ回航、擱座《かくざ》させた。この運命的な出来事が「三笠」と横須賀の縁を現在までつないだのである。

その後、白浜沖で修理も受けず錆びついた艦体を晒していた「三笠」を見て、「破壊に忍びぬ」と同情する者も少なくなかった（『横浜貿易新報』大正一一年九月二八日）。このため旧海軍関係者を中心に三笠保存会が結成され、記念艦化が具体化した。奇しくも一線を退く前の「三笠」の艦長が、震災直後、三たび市長に就任した奥宮衛であったことも幸いし、地元横須賀市も積極的に動き出した。奥宮は日本海海戦時「松島《まつしま》」の艦長であり、司馬遼太郎の『坂の上の雲』にも登場している。

三笠保存会が設立され、保存維持に三〇万円の費用が見積もられると、横須賀市民はもちろん、全国から寄付金が募られ、海外移住民の同胞もこれに応じた（「三笠保存会関係資料」）。設置位置も課題となったが、中村虎猪《なかむらとらい》（海軍大佐）らが、すでに着底、浸水している「三笠」を再稼働させて現在の位置に移動させるという命がけの作業を成功させた。その後、鎮守府裏山をダイナマイトで切崩した土砂を用いて「三笠」を囲い込み、現在の公園一帯が作られた（『横浜貿易新報』大正一四年一〇月二二日）。

記念艦の工事は突貫で行なわれたため、破壊された主砲の再現に砲塔を木の板で覆うなど各所で荒業も目立ち、現在の充実した展示とは比べ物にならないが、大正一五年一一月一二日には世界の三大記念艦の一つとして「三笠」が開艦した。艦首を宮城《きゅうじょう》に向けた日本初の「三笠」は開艦前から話題をさらい、多くの観光客が訪れ、たちまち軍港横須賀のシンボル的存在となった。「三笠」左舷の階段は団体客の、主砲前の後部デッキは個人客の、記念写真撮影の定番スポットとなった。

この年、横須賀鎮守府では、震災復興を掲げてさまざまなイベントが目白押しだった。倒壊した鎮守府庁舎の新築竣工があり、「大日本憲法草案起草地碑」除幕（夏島）があり、「三笠」の開艦があり、いずれも同年一一月一〇日の同日開催を予定していた。海軍の威信をかけて準備万端整えていたが、結局予定どおりにはならず、竣工式は同月五日、除幕式は二七日となった（高村聰史「大日本帝国憲法草案起草地碑設置経緯と戦後」）。

軍港正門の整備

現在のヴェルニー公園一帯は、かつて海軍軍需部だった。旧三一号国道（現国道一六号）建設に伴い田浦へ移転したが、その軍需部の山際に横須賀停車場に通じる道があり、それに面して軍港正門と逸見《へみ》上陸場（軍港波止場）があった。現在もほぼ同じ位置に衛門が残されており、平成二九年（二〇一七）に日本遺産の構成財産の一つに認定された（図21）。明治四二年（一九〇九）に哈爾濱《ハルピン》で朝鮮人安重根《あんじゅうこん》に暗殺された元首相の伊藤博文の亡骸はここに上陸し、戦時中には連合艦隊司令長官の山本五十六の遺骸もまずここへ帰国した。

軍需部を田浦に移転させたものの、逸見上陸場周辺はきわめて狭隘《きょうあい》で、艦隊兵員の上陸時には常に混雑した。このため昭和三年（一九二八）頃には、少なくとも連合陸戦隊二大隊は集合できる程度の拡張が必要とされ、「上陸員待合所」と「衛兵控所」などの新設が計画された（「昭和三年　公文備考　土木二〇巻一二七」）。

図21　旧軍港衛門（ヴェルニー公園所在）

「軍」と「民」の境界—閉ざされる軍港

この工事では、その他に海軍工廠の鋼材置場や建築部材料置場の新設が計画されたが、注目すべきは、軍港水道の幹線上を利用して「准士官以上ノ通路」を設け、下士官兵や軍属、一般住民らとの区別化が図られたことである。これまで軍港周囲を囲っていた「柵塀」の外を下士官兵・兵卒・軍属らが、その内側を准士官以上に通らせるもので、これは乗艦下艦時の序列を明確にするためとされる。どこまで実行されたかは不明であるが、問題は

図22　「横須賀明細一覧図」（明治28年改訂版．手前には柵が描かれている）

単価(円)	金額(円)	構　　　造	備　　考
15	7,950	鉄筋鉄鋼コンクリート造	扉付門４個含
15	4,560	鉄筋鉄鋼コンクリート造	扉付門３個含
11	4,565	鉄筋コンクリート造・生子板および山型構造	扉付門３個含
5	1,360	鉄筋コンクリート柱クリンプ式	扉付門１個所共
5	200	鉄筋コンクリート柱クリンプ式	扉付門１個所共

方衛研究所所蔵）

「柵塀」そのものである。

明治中期に描かれた「横須賀明細一覧図」にも「柵」は描かれていたが、これは単に軍用地の境界として描かれていたにすぎない（図22）。ところが本工事では、「上陸場広場」「建築部材料置場及工廠鋼材置場」、当時柵塀がなかった港務部敷地と鉄道用地の境界についても、港内の要部が開放されているとの理由から、「取締上」の柵塀の設置が求められた。

計画された柵塀は、表19に見るように「鉄筋鉄鋼コンクリート製」で軍港正面を囲むように建設され、その塀は一定の高さがあるため、軍港を市民らに目隠しをする形となり、これにより「軍」と「民」との境界が明確にされることになった。しかし、太平洋戦争中の証言にあるような、山のなかまで至る所に視覚を遮る塀を施す段階にまでは至っていない。ただ、柵と衛門が軍港を囲むように設置されたことで軍港の内と外は仕切られ、軍事空間と日常空間は完全に分断されたことになる。この工事は昭和三年（一九二八）四月一日に裁可されているから、現在残されている「衛門」（「番兵塔」）も、その頃に設置さ

表19　軍港周辺の「柵塀」工事

	設置個所	長さ（m
1	軍港正門～共済組合購買所	約530
2	港務部橋渠際～軍港正門	約304
3	工廠および建築部材料置場用	約415
4	港務部敷地境界用	約272
5	軍港正門～突堤	約40

（出典）「昭和三年公文備考　土木二〇　巻一二

れたものと思われる。

軍港整理に伴い閉鎖的な軍事空間が完成したが、一大イベントたる進水式には、客や市民を塀の内側へ招き入れ、軍港見学はその後もしばらく続けられた（斉藤義朗「コラム子どもたちの横須賀軍港見学」）。もちろん単なる「見学」ではなく、海軍思想の普及という「明確な目的意識」をもって、日米開戦直前まで行なわれ続けたのである。

以上見てきたように、〈軍港都市〉横須賀に大きな変革期があるとすれば、関東大震災直後のまさにこの時期に該当する。横須賀市もまた大正八年以降実施できなかった都市計画（道路拡幅・市街地整備など）を、海軍の軍港整理に伴う軍需部の田浦町移転などにより実現できた。震災直後に設立された横須賀市直属の横須賀復興会の会長には市長の奥宮衛（元海軍少将）が就任、顧問として鎮守府司令長官の野間口兼雄（海軍大将）、海軍工廠長の藤原英三郎（少将、のち中将）、東京湾要塞司令官の福原佳哉（陸軍中将）、そのほか各部門の委員にも陸海軍人が加わっていたのである。

しかし、これらの工事は、横須賀基地施設周辺が、呉と佐世保の軍港に比べてはるかに「不良」という現実的な問題と、「帝都軍港」の上陸場として遜色のないようにするためという沽券に関わる問題も内在しており、軍港機能改善と横須賀の一念発起を企図した大改造だったことがわかる。しかし、これにより太平洋戦争の終戦に至るまでの横須賀基地のスタイル、ことに基地の中枢となる「半島」一帯の横須賀軍港が「完成」したのである。さらなる航空部門の設置については後述する。

満洲事変前夜の横須賀――〈軍港都市〉の準戦時

失業によどむ軍港

第一次世界大戦後の恐慌、ワシントン軍縮、関東大震災、それに続く昭和二年（一九二七）の金融恐慌、一九二九年にアメリカのウォール街に端を発した世界恐慌が波及して起こった昭和恐慌、さらにその翌年のワシントン軍縮条約の期限切れによる更新と新たに補助艦が制限されることになったロンドン海軍軍縮条約に伴う不況は、軍港商工業や軍港都市を苦境に追いやり、不穏な社会情勢を反映する事件も急増していく。

昭和三年三月の共産党員の大検挙（三・一五事件）以降、同年四月には重砲兵連隊内でも党員分子（集団）の存在が確認され、横須賀鎮守府でも「赤い思想」の浸透を防ぐべく取締りが強化された。さらに昭和五年一月にロンドンで軍縮会議が始まると、海軍中尉が横須賀停泊中の「金剛《こんごう》」「古鷹《ふるたか》」内で軍縮反対のビラを撒く事件も見られた。六年四月には一八三七名の職工らが解雇されて横須賀海軍工廠を去ったが、その際には「万一を警戒」し、私服を含めた数十名の憲兵隊が廠内を固めるほど、廠内外の雰囲気は険悪だった（『横浜貿易新報』昭和四年二月二四日・五年五月二二日・六年四月一九日）。

ロンドン海軍軍縮条約が批准されると横須賀市は、先のワシントン軍縮条約と関東大震災からの復興中で、失業者が街頭に溢れて重大な社会問題を惹起するおそれがあると判断した。このため整理人員を最小限度に止め、海軍補充計画に伴う海軍の諸機関をすみやかに横須賀市に設置して職工らの失業者数を減らすよう、政府に意見書を提出した。軍港都市内の空気は淀んでいたのである（「昭和五年　市会議事録」『新横須賀市史』資料編・近現代Ⅱに掲載）。

純然たる消費都市であり、ほかの都市と比べて就業の機会もなく、失業救済事業を企興する力すらない横須賀市は、ほんの五、六年前に「海軍へのご奉公」として請け負った「稲楠土地交換」についてさえ、海軍のために随分犠牲を払っていると公言して憚らないほどの窮地に立たされていた。

極度に悪化した景気は、前述した職工団体の工友会と地元商人との対立をもまねいた。

購買組合と地元商人の対立

工友会は購買所（購買組合）も経営しており、生活用品や食糧などを廉価で販売していたから、職工らにとって購買所の存在は大変ありがたいものだった。しかし、海陸軍からの収入に依存せざるを得ない地元商人・地域経済への打撃は大きく、民業を圧迫するとして、不景気の原因の一つと認識された。

市内に複数置かれた購買所の収益は年々増加傾向にあり、昭和三年（一九二八）には九四万円、四年には一〇四万円と売り上げを伸ばしていた（『新横須賀市史』通史編・近現代）。このため支所増設の情報が伝わると、昭和五年六月、「窮乏其ノ極ニ達シ疲労困憊如何トモスルコト能ハザル」として、公郷町の森照義ほか二七七名が連署で市会議長の大井鉄丸に数通の嘆願書を提出し、支所増設計画の中止を訴えるなど、地元商工業者との対立は日々深まっていった（前掲「昭和五年　市会議事録」）。

横須賀商工会議所では、「横須賀市を主題とせる不景気打開策」をテーマとする懸賞論文を募集したが、一位の論文は、小売商が購買組合と正面から対抗するのは「無意味」であり、徹底的手段は「政府の力」しかなく、応急策なら可能な範囲で価格を低くしてサービスを良くする以外にはなく、これでも困難なら、海軍や横須賀市、商工会議所の斡旋によって「購買の特約店等に組織を変更」させることが「賢明な策」としていた（『軍港の横須賀』第四号）。

しかし当時、海軍内部でも困窮する下士卒や軍属らの生活環境改善に取り組んでおり、軍港商人の窮状に理解を示しつつも、いかなる対策も講じることはできなかった。

銘酒屋の台頭と行き詰まる柏木田遊廓

不況の影響で、市内では観念寺方面（深田、現共済病院周辺）を中心に、比較的安価な銘酒屋（私娼）が建ち並ぶようになり、柏木田《かしわぎだ》遊廓の経営は次第に行き詰まっていった。

大正一一年（一九二二）一二月に竣工した埋立て地「安浦」（「旧公郷町埋立地」）に、翌年発生した関東大震災により罹災者用バラックが多数建設されると、市内各地の銘酒屋が次々と埋立て地「安浦」に移転した。また、田浦町でも工廠造兵部周辺の銘酒屋（四〇軒）が皆ヶ作地区に集められるなど、市内で銘酒屋の整理が進められると、職工らの足はそちらに流れた。作家山口瞳が昭和五四年（一九七九）に出版した『血族』（文藝春秋）のなかで、山口の遠縁にあたる人物が、次のように語っている。

（柏木田遊廓が経営難となった）第一の原因はね、安浦のほうにね、知っているだろう、海岸寄りの方に、岡場所っていうかチャブ屋っていうのか、銘酒屋かな、とにかく安く遊ばせるところが出来たんだ。……（柏木田）は政府公認の遊廓だからね。そう安くはない。客をとられちまったんだね。それに、何といっても、軍港から遠いんだ。平坂っていう坂を越えなくちゃいけないからね。ああ、軍人だって、自動車に乗らないで歩いてゆくんだ。駆けてゆくんだろう。……遠いのよ。いま鳴る時計はナントカで、それに遅れりゃ重営倉って歌があるだろう。遠いのはまずいんだな。

山口の母が生まれた遊廓「藤松」の破綻、ひいては遊廓柏木田全体の左前は、被災による影響以前に、銘酒屋の台頭と遠さに原因があったのだ。

一方、当時日本国内では関東大震災を機会に、廃娼運動が活発化した。昭和二年に「婦人ニ関スル国際条約」を日本も条件付きで批准すると、横須賀警察署でも公娼廃止の方針を打ち出した。当時、柏木田の遊廓は二九軒、娼妓は一五〇名で営業していたが、柏木田遊廓組合の代表が自ら「公娼を自廃させ私娼にさせたい」旨、横須賀警察署に願い出たからである。組合の本音は、不景気で公娼の維持が困難になったことにあった。

このため柏木田遊廓組合では、制度改正を前に、娼妓らの多くが実家の貧困で教育も十分に受けていないため、社会に出ても一般の婦人と交って立派に生活ができるよう、事務所を改装して仕事の合間に教師を招き、裁縫や礼儀作法、料理、精神講話を行なうなど、女学校的な就業教育を計画した（『東京朝日新聞』昭和二年八月四日・八月七日）。このように軍港の不景気は、遊廓経営にも大きな転機を与えていたのである。

軍艦「津軽」疑獄事件

先に触れたが、昭和四年（一九二九）八月、財政が逼迫する横須賀市に対し、海軍が二等巡洋艦「津軽」を無償譲渡した。この「津軽」は、日露戦争で鹵獲したロシア軍艦「パルラーダ」を、二等巡洋艦として日本海軍籍に編入したものだった。軍縮のため、大正一三年（一九二四）五月に軍港内の猿島付近で自沈処分されたが、その残骸が漁業障害となったため、海軍は「津軽」を横須賀市に無償で払い下げることにしたのである。

爆沈から数年を経過していたとはいえ、艦材は貴重である。景気が低迷していた横須賀市には願ってもない話であり、鎮守府としても「稲楠土地交換」で窮迫する市財政に「幾分の補ひをさせたい」という好意的な意図から、横須賀市への巨大なプレゼントとしたのである。

ところが昭和七年七月、横須賀市が大日本潜水協会への低価払下げを決定すると、今度は在郷軍人会や市会議員らが、市民の利益を犠牲にした「失当の措置」であると、善後策を要望した。これが市議たちの疑獄事件にまで発展し、最終的には翌年五月に市長の大井鉄丸が引責辞任に追い込まれた。この失態に市長は、「海軍に対し顔向けができない」と面会を避けていたが、鎮守府司令長官の山本英輔は、「出来た事は仕方ない」と回答したのだった（『横浜貿易新報』昭和七年九月九日）。

大正一四年（一九二五）日本海海戦二〇周年に当たるため、五月二七日の海軍記念日の式典は、例年より盛大に行なわれた。それからわずか五年後、今度は日本海海戦二五周年を記念する「海と空の博覧会」が、東京上野（第一会場）と横須賀（第二会場）の二か所で大々的に開催された。記念行事が「博覧会」の形を取ったのは、この時が初めてである。主催は日本産業協会と三笠保存会であったから、博覧会は海軍のみならず、教育・科学・貿易・保健・電気・器械関連のさまざまな業種・一般企業からから出品された。

「海と空の博覧会」

入場料は大人五〇銭、子供二五銭。多少高額ではあるが、両会場で利用できた。第二会場の横須賀には、記念艦「三笠」のほか、市役所裏の埋立て地に海軍館・産業館・水族館が開館し、人気を博した。

この「海と空の博覧会」は日本海海戦の紀念であるから、海軍にとっては国民啓蒙の場であり、予算獲得へのアピールの場でもあった。また、「海軍の休日」のなかで海軍の存在が希薄化しないよう、強力に国民に存在意義を強く主張しなくてはならなかったのである。

この状況下、あえて横須賀に第二会場を設けたのは、不況からの「匡救《きょうきゅう》ノ一助」としたいという理由もあり、海軍なりに〈軍港都市〉へ救済の手を差し伸べていたわけである

（「（昭和四年）本邦博覧会関係雑件」）。

満洲事変に沸く横須賀

そうしたなか、昭和六年（一九三一）九月に奉天《ほうてん》郊外で、日本の関東軍が南満洲鉄道爆破事件（柳条湖《りゅうじょうこ》事件）を起こし、これを手始めとして満洲を制圧するに至った（満洲事変）。また、この年暮れの金輸出再解禁の影響は、各方面に波及した。軍港都市とは一見無縁のようだが、横須賀市内でも満洲事変への関心は高かった。九月一九日に市内隣保会館で開催された満蒙問題講演会では、東京湾要塞司令官の秦真次（中将）が「国防と満蒙問題」と題して講演したところ、横須賀市始まって以来の多くの聴衆が殺到、興奮のあまり会場付近の民家の器物などを破壊し、警察に鎮撫されるという始末であった（『横浜貿易新報』昭和六年九月二一日）。

ただ横須賀の場合、翌年の第一次上海《シャンハイ》事変（昭和七年一月〜三月の日中軍事衝突）の方が影響は直接的で（「解説」『新横須賀市史』資料編・近現代Ⅲ）、一月の鎮守府命令により、軍需部や海軍病院が特別陸戦隊向け配給に着手し、その後、海軍は「天龍《てんりゅう》」「対馬《つしま》」「平戸《ひらと》」など巡洋艦七隻と駆逐艦二〇隻ほか（第三艦隊）、さらに七〇〇〇名もの陸戦隊を上海に派遣したため、市内に活気が戻ったことを実感できるようになった（海軍軍令部編、田中宏巳・影山好一郎監修・解説『昭和六・七年事変海軍戦史』）それからほどない三月一日、中国東北部に、清朝最後の皇帝だった溥儀《ふぎ》を執政として満洲国が建国された。

表20　横須賀海軍工廠見習工志願者（昭和８年）

	志願者（人）	定員（人）
造船部	106	54
造機部	576	53
造兵部	719	42
機雷実験部	6	2

（出典）『横浜貿易新報』昭和８年３月12日

「職工景気」到来！

にわかに慌ただしくなった横須賀海軍工廠では、昭和七年（一九三二）三月に見習職工一一九名と甲種工業学校卒業生一九名を募集するなど、繁忙に備えた。当時、国内では五〇万人余の失業者を抱えていたため、すぐに多数の応募者が集まった。市内でも「上級学校へ行つて高等ルンペンになるより海軍職工になつてハンマーを握つてゐるが何より無難だ」と工廠志望者が殺到したのである。

工廠造船部では七月にも職工三〇名を募集したが、この募集に対し三〇〇名の応募があり、工廠の需要に失業者が集まり始めた。しかも戦時給与規則による「増棒」で、六月には前年来廃止されていたボーナスも復活した（『横浜貿易新報』昭和七年二月二七日・三月一〇日・六月二八日・七月一二日）。昭和六年末には八五七一名だった職工も、七年末には一万七〇九名にまで急増した。その後も翌昭和八年三月に海軍工廠の本年の見習工志願者を募集したところ、定員一五一名に対し一八〇六名という「恐ろしい数字」に達した。部署別志願者は表20のとおりで、造兵部の人気が高かったのは、仮に解雇されても「後のツブシが利く」といった理由だったようで、二度の軍縮を経験してきた軍港職工らしい。

急激な景気の上昇に比例して、職工の給与も上がっていった。たとえば、日給三円八〇円の二次電気工事職工が、早出残業徹夜の加給と特別手当と一〇日分の賞与を合わせると、一か月分の総収入は五三〇円に達し、工廠長（中将）の給与より三〇円も高くなった。「菜ッ葉服の職工だなんて馬鹿にしたら大間違ひ、横須賀でほんとうの金持ちと云つたら職工さんなんだ」と報じられた「職工景気」の到来である（『横浜貿易新報』昭和八年七月一日）。

ワシントン軍縮・ロンドン軍縮と、両軍縮以降、火の消えたようだった軍港横須賀もまた、「戦争」により、かくして息を吹き返した。〈軍港都市〉とはまさにそういう街だった。

演習の活発化

横須賀の陸軍もまた、活気を取り戻した。改編が続いていた要塞砲兵連隊も、大正九年（一九二〇）一二月には、ついに地名が冠されて横須賀重砲兵連隊（図23）と改称された。満洲事変後の昭和六年（一九三一）一二月一九日には、この隊から関東軍第二野戦自動車隊要員として満洲に七名が派遣、翌年二月には上海事変に対応し、さらに自動車隊要員として追加派遣された。ただ、しばらくの間はきわめて少数の派遣にとどまり、重砲兵連隊本隊は富士裾野や小笠原父島に参加する程度であった（川島武編『横須賀重砲兵聯隊史』）。

図23　陸軍重砲兵連隊正門（関東大震災後）

しかし、横須賀市内での演習は盛んに行なわれ、同年九月には市内の中等学校、青年訓練所の生徒約一五〇〇名を動員し、不入斗《いりやまず》の練兵場「満洲事変一周年記念模擬戦」を挙行、その後、市長の大井鉄丸や職員とともに市内を大行進した（『新横須賀市史』資料編・近現代Ⅲ）。

また、海軍でも昭和九年二月には上海事件二周年記念に「市街戦模擬戦」が市内各所で行なわれるなど、市民を巻き込んだ現在では考えられないイベントが開催された（『新横須賀市史』資料編・近現代Ⅲ）。

軍事演習も在郷軍人はもちろん、生徒らを動員し、市長や助役、議長らを陪観させた模擬演習となるなど次第に大規模化され、当時の壮烈な戦況を市民に疑似体験させる演習へと形を変えていった。

横須賀の相陽時事新聞社は昭和九年（一九三四）一一月、「如何にすれば、横須賀市を繁栄せしめ得る乎《か》」について市内各方面にその方策案を募り、それを『横須賀市繁栄策』として一冊にまとめた。景気回復が目覚ましいなか、このような提案がされた理由はほかでもない、「何一つの生産も持たず、全くの消費都市」である横須賀市内商工業者たちの将来に対する不安である。今は景気が良くとも、いつ軍縮のような事態が起きるとも限らない。景気が回復してもなお、軍港の商工業者は常に不安を抱えて生活していたのである。

それでも闘う商工業者

横須賀市の昭和八年当時の総生産額は、神奈川県内では横浜市の四六分の一、川崎市の三二分の一、平塚市の二分の一程度にすぎなかった。ちなみに人口規模を比較すると、横浜市は横須賀市の約四倍、川崎市の一・一五倍、平塚市は横須賀市の四分の一であったから、横須賀市は都市化による人口急増にもかかわらず、きわめて低い生産力に止まっていたことになる（「昭和八年神奈川県統計」）。昭和五年に京浜電気鉄道（現京浜急行電鉄）が開通、現在の横須賀中央駅も開業し、横須賀への集客効果も期待されたが、かえって市内の顧客が交通の便を利用して京浜方面に流出し、「益々《ますます》不況に陥るばかり」となった。

市内各界名士九三人の方策案は、購買所問題の解決、観光地充実、商港化の大きく三つに分けて考えられる。購買所の解決や商港化は以前からの課題であったが、多かったのは

「観光都市」を目指すもので、具体的には猿島の払下げと公園化、日露戦争時の連合艦隊指令長官だった東郷平八郎を顕彰する東郷神社の建立など、記念艦「三笠」とともに「遊園地」にすべき、との案もあった。なかには廃艦を宿泊施設にして観光客に海軍式士官・下士官の兵食を提供、「海軍生活の一班を味はせる」などの「体験的な施設」を作るべきとする提案や、軍港ならば「海軍参考館」（現代で言う「軍港資料館」）を設置するべきで、「海軍の知識を与へ」、集客を狙うなどの提案もあった（青訓主任指導員）。

いずれの場合も「観光客の足を市に止めしめる、乃《すなわ》ち市に一泊せしめる」ことが肝要で、「観光客の一泊こそ市の繁栄の一策」（商工会議所議員）というのも、驚くほど現在の感覚と酷似している。その一方で、最も喜ばれる写真撮影が要塞地帯であるため、許可されない以上、「市自体が観光客を、満足させるには、不向き」（物品販売代理業）とする意見もあり、軍港と観光の両立の難しさを物語っている。

さまざまな意見があったが、いずれも海軍や軍港都市を全否定するものではなく、海軍と共存しつつ海軍を活かした繁栄策であった。やはり「海軍あっての横須賀」であることには変わりはなかったのである。

航空機開発と「大横須賀」建設へ

国産軍艦の建造を目的に横須賀製鉄所を建設して以来、海軍は「大艦巨砲」を主義を掲げて果てしない建艦競争を続けてきたが、海軍が軍艦ばかり建造していたかと言えばそうではない。

日本の陸海軍航空の始まり

アメリカのライト兄弟が動力機による飛行に成功したのは、一九〇三年一二月一七日のことで、現在、「飛行機の日」として知られている。それから六年後の明治四二年（一九〇九）七月、日本の海陸軍は文部省との共同の研究機関として、臨時軍用気球研究会を立ち上げ研究を進めた。その後、独立して結成された海軍航空術研究会（明治四三年）は、フランスとアメリカから購入した水上飛行機の修繕と試作機開発に乗り出し、大正六年（一九一七）にはサルムソン発動機を搭載した横廠式《よこしょうしき》一四〇馬力飛行機を完成させた（図

図24　横廠式140馬力飛行機

24)。
海軍航空の開発過程で注目すべきは、海軍航空の母体となる航空術研究委員会が、当時の研究開発の施設を横須賀海軍工廠に置き、その拠点を造機部、造兵部および三浦郡田浦町（追浜地区）に設置したことである。これに伴い、横須賀市北部に隣接する田浦町が急速に注目を浴びるようになった。

造兵部の田浦町

田浦町は、大正三年（一九一四）六月に町制が施行されて誕生する以前は浦郷村と言い、明治二二年（一八八九）の町村制施行に伴って、浦郷村・船越新田村・田浦村・長浦村が統合して誕生した。その際、「田浦」の地名はいったん消滅している。その浦郷村に面した長浦湾が浅瀬であったため、幕末の製鉄所建設に選定されなかったことは、すでに触れた（一五頁参照）。しかし、明治一五年一〇月には水雷局の設置準備のため、海軍省による用地の買収が始まり、船越新田に兵器製造工場、長浦に水雷営・水雷武庫水雷工場が次々と設置され、明治二二年の鎮守府兵器工場を経て、三六年一一月に海軍工廠造兵部となった。水雷術練習所は、四〇年に海軍水雷学校に改称されている。

明治四三年には、浦郷村（旧田浦村地域）全戸数二四四六戸のうち二七・八％にあたる六八〇戸の世帯主が造兵部の職工となり、昭和初期には、「村民（町民）男性の半分以上は海軍工廠職工なりと言ふも可なり」と記されるほど、〈造兵部の街〉となっていた。造兵部正門前には商店街が形成され、近隣の皆ヶ作《かいがさく》には銘酒街も置かれるなど賑わいを見せ、先に述べたように浦郷村は大正三年に町制が施行され、田浦町に改称された。

しかし、工廠を構成する重要な造兵部門でありながら、造船部・造機部のある横須賀市稲岡・楠ヶ浦からは、いくつもの谷戸《やと》を経て約五キロも離れていた。この不便さが課題だったが、職工共済会にも長浦支部、集会所にも田浦支部が置かれるなど、地域として中央との関わりはむしろ希薄であったため、横須賀市とは別な〈海軍の街〉をして形成していたと考えてよいだろう。

田浦町の「空都」化

明治四五年（一九一二）六月、浦郷村内（旧田浦村地区）の海軍工廠造兵部内に海軍航空術研究委員会が置かれた。航空機という最新兵器を開発するにふさわしい研究施設は、東京に近く、しかも最先端の技術を有する海軍工廠以外には考えられなかった。そして、その場所には長浦が選ばれた。水上飛行機研究開発には、浅瀬のある長浦の海岸が適していたからであろう。かつて製鉄所設置候補だった長浦湾周辺が、今度は航空機の開発拠点とするに最適とされたのである。以降、田浦町の海岸地区（追浜・夏島・船越）は、急速に変貌をとげていくことになる。

航空術研究委員会は大正元年（一九一二）一〇月、追浜《おっぱま》の地先水面を埋め立て、水上機用の滑走路（六〇〇×二〇〇メートル）を建設し、翌年からは陸上機用飛行場の建設も進めた。一方、造兵部では大正二年六月に、フランスのアンリ・ファルマンが改造した「改造ファルマン一号機」を試作し、工廠造機部でも同年四月から発動機の造修が始められ、七月には国産第一号である「グノーム発動機」を完成させた（日本海軍航空史編纂委員会編『日本海軍航空史』第二・軍備篇）。横須賀海軍工廠で作られた航空機は、日本が参戦した第一次世界大戦の青島《チンタオ》攻略作戦にも動員されて功績を挙げた。

また、航空術研究委員会は大正二年に事務所を追浜に移転したが、それを契機に海軍航空の重点は、海軍工廠造兵部から追浜など北部の埋立て地へ移動した。伊藤博文が帝国憲法を起草した地として知られる夏島周辺も、野島との間わずか六〇メートルを残して埋め立てられ、飛行場や航空施設の建設も進んだ。

官民による埋立て作業は、大小合わせて昭和一九年（一九四四）三月（埋立て諮問を含む）まで継続され、これにより追浜地区の埋立て総面積は四五万六七二一・三二一坪に達

図25　横須賀海軍航空隊本部庁舎

した（横須賀市都市整備部整備指導課編『野島と夏島』）。

　こうして周辺の民有地を買収することなく、滑走路を二本有する追浜飛行場（横須賀飛行場）が建設された。なお、第一次世界大戦中の大正五年四月には、航空術研究委員会を発展的に解消し、「我海軍に於ける最も古き歴史と伝統とを有する重要な航空隊」である横須賀海軍航空隊が誕生した（図25）。大日本帝国海軍最初の航空隊は、横須賀に置かれたのだった。

　このように海軍の航空術研究会発足以降、国内航空機開発の進展に比例するように、田浦町追浜周辺の開発が進み、「空都」田浦町が形成されていった。

国産航空機の開発が進むと、昭和四年（一九二九）四月八日には海軍工廠内に航空機実験部が新設され、造兵部内にあった発動機開発部門は独立することとなった。実験機関にも個別の専属の実験部隊がないと非効率であるため、「総合的かつ大規模な実験機関」の設置が期待されたのだが（前掲『日本海軍航空史』第二・軍備篇）、研究実験機関（海軍航空廠）新設の情報は早々に流出し、土地ブローカーがさっそく暗躍し始めた。

海軍航空廠の設置計画と地域

すでに昭和二年には田浦町沿岸部の土地価格高騰の噂が流れ、また翌年には、海軍省が航空隊隣接地に一六〇〇〇余坪の土地を確保して地均しを始めたと報じられた。この曖昧な情報に関して、田浦町でも「大繁栄のもと、なる」として「大ホクホクもので」期待していたようだ。ただ、航空本部長の安東昌喬（中将）が設立準備委員長に任命されたのが昭和五年一二月のことであり、予算の一部が成立したのはさらに翌年三月のことであるから、随分早くから皮算用が始まっていたことになる。

航空産業という新しい分野への関心もあって、田浦町の人口は急増した。昭和元年に一万七九九四人だった田浦町の人口は、昭和五年には二万六八二五人と浦賀町を抜き、人口規模では三浦郡第二の都市にまで発展した。

この間、昭和三年に三一号国道（現国道一六号）が開通、同五年に湘南電気鉄道（現京浜急行電鉄）が開通すると、「追浜」が駅名に付された。なお、こののち太平洋戦争が始まり、横須賀海軍航空隊から機体整備指導の士官が分離され、追浜海軍航空隊となるが、地名が航空隊の冠にもなったのである。

また、追浜駅（京急）から航空隊・飛行場（夏島）に通じる軍道（特二三号）も建設され、その沿道および周辺に航空隊関係者や、その家族らが居住するようになった。海軍航空隊の設置に伴い田浦町が飛躍的に発展していく過程で海軍航空廠建設の話が持ち上がったのだから、地域としては放っておく術はなかったのである。

「ライバル」呉の出現と地域開発

ところが昭和六年（一九三一）初め、海軍省と地主らとの間で、敷地買収価格交渉が停頓すると、今度は呉市が海軍省に対して航空廠の誘致運動を盛んに行ない、海軍航空廠用の敷地全部を寄付するという大胆な提案に出た。この呉市の動きに対して「ギッとして居られなくな」った田浦町では同年二月一二日、地元の有力者の田川清治（元自治大臣田川誠一の父）、福地儀一、石井敏郎らを中心に町民大会を開催し、海軍航空廠の設置が町の繁栄上不可避であるとして設置促進を決議した（『横浜貿易新報』昭和六年二月一三日）。

結局この誘致合戦は田浦町に軍配が上がったが、海軍側に焚きつけられた感がないわけでもない。ただ、田浦町も誘致に積極的だったことは明らかだった。町では航空廠の工事を契機とする、さらなる発展を期し、海軍関係者向けに海側に向いていた田浦駅乗降口を反対の山側にも設置、さらに住宅地と国道、駅へと直結する県道敷設を計画した。現在の駅から国道へ続く短い道がそれである。

また、横須賀市は従来の狭小で危険な梅田トンネルを廃止し、大きく迂回する安全な新しい梅田トンネルを開削、船越方面と航空廠に直結する「航空廠道路」を計画し、海軍側の支持を得て開通させた。この道路は先の特二三号軍道に直結するもので、海軍のみならず、地域住民、職工らの通勤に役立つなど、地域に便宜が図られたほか、現在でも流通上、重要な道路となっている。

海軍航空廠、開廠！

昭和六年（一九三一）、海軍航空廠の施設建設が始まると、周辺には航空部品関連会社やその下請け工場も建ち並び、技師や職工らも居住するようになった。田浦町ではこれに伴い浦郷地区の学童が急増し、一〇月には八教室の増設が計画されるなど、同時期における横須賀市の人口増加率をはるかに上回る勢いで人口が急増した。

昭和七年四月一日、まず航空廠の本部と実験部のみが先行開廠し、七月七日に改めて開廠式が開催された。式当日はあいにくの雨であったが、朝から花火を打ち上げ、一〇〇〇名余の小学生が旗行列をなし万歳を叫ぶなど、田浦町を挙げて開廠を祝した（『横浜貿易新報』昭和七年七月八日）。

追浜飛行場（横須賀飛行場）に横須賀海軍航空隊が置かれ、田浦町に横須賀海軍工廠の航空機実験部と発動機実験部の機能が航空廠に集約されたことで、三浦郡田浦町が「空都」としての機能を果たしていくことになったのである。

田浦町の思惑

『横浜貿易新報』は昭和七年（一九三二）八月二一日、田浦町の発展について、航空廠および追浜駅付近の木浦、平六ケ入《へいろくがいり》などのかつての寒漁村が、今春以来、短日のうちにすべて住宅地化し、昨今ではあます所がないほどまでに人家が建築され、現在まで新築家屋五〇〇戸以上と数えられている、と報じている。この「異常な発展」を見せる田浦町を、隣接する横須賀市が放置するはずがなかった。

昭和七年七月一五日、横須賀市に隣接する町村（浦賀町・田浦町・衣笠村・久里浜村）の合併促進案が議会に提出され、同月二八日には「大横須賀建設準備委員会」が設置された。周辺町村合併の動きは昭和二年頃にはすでに見られ、田浦町長の金谷運吉も、数年前から「当町と横須賀市とは早晩合併しなければならない関係にある事は否めない……案外早く纏《まとま》るものと信じてゐる」と語り、合併に前向きな姿勢を示していた（『横浜貿易新報』昭和四年二月七日）。

ところが、既述のように田浦町が異常な発展を見せると、横須賀市から分水を受けていた水道料金の値下げや、町から市に収めていた二〇〇〇円の水道使用料を拒絶するなど、合併に対し次第に難色を示し始めた。

海軍軍施設の存在意義

それ以降、田浦町会は、「合併は真ッ平御免」と一転して議員らの反対意見が支配的となり、隣接する金沢町、六浦荘村（現横浜市）と合併して「田浦市」を誕生させて単独で市制施行すべく、運動を開始した（『横浜貿易新報』昭和七年七月一七日）。海軍航空の一大拠点として急速に発展する自分たちの街に田浦町民が、〈自信〉を強めていたことがわかるであろう。

横須賀市からより良い合併条件を引き出す交渉手段であったことは確かだが、豊島町といい、田浦町といい、軍隊を抱える町は、即座に合併を決断した衣笠村などとは、まったく対称的であった。

田浦町は、希望する合併条件に良い反応を見せない横須賀市に強気だったが、昭和七年（一九三二）一〇月に海軍軍令部長の伏見宮博恭王《ふしみのみやひろやすおう》の海軍航空廠視察があり、その後、鎮守府側が一軍港が横須賀、田浦の二行政区域にまたがって存在していることは利便のうえで、大いに不都合、との意向を示すと、田浦町は急速に合併容認の方向へ傾き、昭和八年四月一日に横須賀市と合併した。

これにより横須賀市は、「陸」「海」、そして「空」部門を擁する、複合的な〈軍都・軍港都市〉となったのである。

回復する「横須賀」

昭和一一年（一九三六）に横須賀市教育会が発刊した『我等の横須賀』では、横須賀航空隊について次のように説明されている。

　土地の人々は追浜航空隊とも読んでゐます。これは言ふまでもなく、国家の大事の場合に、帝都の防空、要塞の防御、又は敵機の攻撃などを行ふ為のもので、平時には航空術の研究、航空兵の養成等を目的としてゐます。

この書物は市制施行三〇周年を記念し、横須賀市の児童に、「郷土の美を認識理解させる」ことと、「市民としての自覚を促すと共に、その趣味性の涵養と、読書力の向上」を目的に書かれた副読本である。

ちなみに横須賀航空隊は追浜にある飛行場を利用していたため、地域住民が親しみを込めて「追浜航空隊」と呼んでいたが、昭和一七年一一月になると二つ目の航空隊として正式に「追浜航空隊」が誕生することになる。

海軍の航空機開発は、大正時代も半ばを過ぎると各軍港でも動きがあった。大正九年（一九二〇）八月一日には、呉海軍工廠の支廠であった広支廠に航空機部が置かれたほか、佐世保海軍工廠ではそれより早い七年五月から造兵部水雷工場で航空機の製造が始められるなど、航空兵器開発への対応が進んだ。航空機部門の充実にはある程度の時間が必要となるが、この点では横須賀がほかの軍港より先んじていた。

あとから計画的に建設された呉・佐世保・舞鶴に比べて、横須賀は狭く窮屈な軍港都市ではあった。しかし、帝都東京との関係では、ほかの軍港都市が「凌ぐことができない政治上軍事上の位置」「帝国の関門を擁して居る優越せる位置」にあると、横須賀市民も認識を共有していた（岡田緑風『三浦繁昌記』）。

『我等の横須賀』でも、横須賀市は「日本の首府東京の咽喉のやうに大切な所で、要塞地としても、大軍港地としても、本当に重い役目を持つてゐます……」と記している。とりわけ、ほかの軍港都市に先駆けて設置された、「防空の第一線に立つ航空隊と航空廠」については、「帝都の守りも、帝国の空の護りも、我が横須賀の空軍の威力によつて、確実に保たれて行く」ものと、揺るぎない自信を得ていたようだ。

帝都東京に近く、帝都防衛の一大拠点として、横須賀は再びかつての「横須賀」を取り戻していったのである。

横須賀に集った人びと—大正期

これまで見てきたように、第一次世界大戦の特需が比較的明るい話題を国内に提供した一方で、その後の不況や海軍軍縮とそれに伴う職工らの大量解雇、そして予期さえしなかった未曽有の大地震が関東地方に甚大な被害をもたらすなど、大正期の前半と後半で軍港都市横須賀の様子は随分異なっていた。その一方で飛行機の登場は、従来、軍艦や陸軍の砲台しかなかった軍港都市の上空に飛行機が飛び交う立体的な軍港都市を創出した。この時期、飛行機開発や実験の記事はほぼ毎日新聞を賑わし、市民らは視覚と聴覚で新しい時代の到来を感じていたに違いない。

ここでは、この大正期に二年あまりを横須賀で過ごした二人の文学者を紹介する。なかにはこの地で誕生した作品が、代表作とされるものもある。

芥川龍之介

大正五年（一九一六）一二月、芥川龍之介は、恩師らの勧めで海軍機関学校の英語の嘱託教官に着任した。大本教《おおもときょう》入信のため辞任した浅野和三郎の後任である。芥川は夏目漱石門下の一人であり、前年一〇月に『帝国文学』誌上で「羅生門」を発表、翌年『新思潮』に「鼻」を発表するなど、すでに高い評価を受けていた。当初、近隣の鎌倉に居を構えて列車通勤していたが、のちに市内汐入の尾鷲梅吉宅（海軍御用商）に下宿して教鞭を取った（横須賀市民文化財団編『続・横須賀人物往来』）。

僕はいつも煤《すす》の降る工廠の裏を歩いてゐた。どんより曇つた工廠の空には虹が一すぢ消えかかつてゐた。僕は踵を擡もたげるやうにし、ちよつとその虹へ鼻をやつて見た。すると――かすかに石油の匂がした。（「横須賀小景」（「虹」））

芥川の機関学校教官時代のエピソードはそれほど多く残されていない。だが、彼が大正八年三月に嘱託教官を辞して大阪毎日新聞社に入社するまでの二年四か月の間に、「戯作三昧」「運」（以上、大正六年）、「邪宗門」「蜘蛛の糸」「地獄変」「奉教人の死」（以上、大正七年）、「犬と笛」「きりしとほろ上人」「魔術」「蜜柑（私の出逢った事）」（以上、大正八年）といった初期の代表的な作品を発表している。

とりわけ通勤に利用していた横須賀線を舞台に描いた「蜜柑」は、トンネルが多い横須賀の様子を描写していて興味深い。彼が残した作品に横須賀を舞台にしたものは少ないが、横須賀時代の生活、記憶をモチーフにした作品は数多いのだ（佐藤義雄「都市・都市文化と日本の近代文学」）。

芥川と同時期に機関学校で語学教官を務めていた作家仲間には、豊島与志雄、内田《うちだ》百《ひやっ》閒《けん》がいた。両者とも芥川の紹介で、それぞれ海軍機関学校の仏語教官・独語教官に就任した（松本健一『神の罠』）。彼らの教え子であった篠崎礒次（海軍機関学校二八期）は、「重い漬物石」のような武官教官だらけの学校に、芥川や豊島のような「若いピンポン玉のように軽くハネかえるような教官」が来てくれたことをひどく嬉しく思い、「何十年の後の現在まで忘れられぬ印象」が残っていたという（諏訪三郎「敗戦教官芥川龍之介」）。

若山牧水

詩人若山牧水は、喜志子夫人の療養を目的に三浦郡北下浦村（現横須賀市）に移住した。「此の方面は由緒の少なき地方ではあるが、風景はなかく〳〵よい所が多い」（佐藤善治郎『三浦大観』）と知人宛てに記している。この北下浦村は、のちの昭和一八年（一九四三）四月に横須賀市と合併するまで、半農半漁の古い横須賀（三浦半島）の雰囲気を残した村だった。

津久井海岸には汽船発着所もあり、東京へは便が良かったが、牧水が友人西村陽吉に送った手紙には

……実にあつけないさびしい所だネ、愈々《いよいよ》ここに住むのだと思うと、何とも言へぬ予期しなかつた心細さが身にしみる……

と記している（『若山牧水全集』第五巻）。ただ、病妻は喜び、自分にとっても「いいことに相違ない」と述べている。

牧水の滞在期間は大正四年（一九一五）三月から五年一二月までの二年足らずで、その後は仕事の都合で小石川に引き上げた。当時は第一次世界大戦の最中だったが、牧水の詩歌に反映しておらず、東京湾を行き交う軍艦についてはわずかな描写があるのみで、まるで別世界に生きていたかのようである。

この間に長女が生まれ、『砂丘』（第八歌集）、『朝の歌』（第九歌集）、『旅とふる郷』（散文集）といった作品（「岬の端」「浦賀港」など）を発表しているから、家人として充実した日々を送っていたのだろう。戦後、この地に夫婦記念碑と記念館が建設された。

国際連盟脱退――無条約時代の軍港事情

昭和六年（一九三一）、関東軍が満洲事変を起こし、翌年には傀儡《かいらい》政権の満洲国を建国させた。中国政府は満洲国建国の無効と日本軍撤退を求めて国際連盟に提訴し、これを受けた国際連盟では調査団を派遣し、日本の侵略行為と認定した。一九三三年二月、国際連盟総会で日本の満洲からの撤退勧告が可決されると、日本は三月に国際連盟を脱退、一九三六年一月にはロンドン海軍軍縮条約も脱退、さらにワシントン軍縮条約も失効したため、軍拡を規定拘束する条約はすべて喪失し、無条約時代に突入した。

無条約時代突入！

すでに海軍省は建艦計画である「②《マルに》計画」（第二次海軍軍備補充計画）に次いで、新たに「③《マルさん》計画」（第三次海軍軍備補充計画）を立案、昭和一二年の第七〇議会で予算成立を見た。この計画により、海軍はようやく独自の軍備計画の立案に踏み切れたことになり、当時の海軍の構想を反映したきわめて特徴的な内容になった。

横須賀工廠はとくに「③計画」で、「第三号艦」（航空母艦「翔鶴」）、「第五号艦」（敷設艦乙「津軽」）、「第三八号艦」（潜水艦乙「伊号第一七潜水艦」）、「第四一号艦」（潜水艦乙「伊号第二三潜水艦」）の建造を任された。軍港都市の時代が到来したのである。

戦時軍港水道

明治中期に走水《はしりみず》から引いていた水道は、軍港内の真水需要の増大により、明治三七年（一九〇四）の日露戦争前後からすでに限界に達していた。このため明治四〇年頃から新たな水源調査を始め、その結果、大正一〇年（一九二一）に、丹沢山系の中津川から半径五〇センチの鋳鉄管を敷設し、厚木・藤沢・鎌倉・逗子・田浦の各町村を経由して軍港に通じる、全長五三キロに及ぶ半原水道が完成した（半原水系）。

送水量は一万三〇〇〇立方メートルと膨大な水量を誇ったが、無条約時代に入り建造量と市人口が急増したため、真水の供給量が不足した。従来より横須賀は慢性的な水不足で、市民は夏場の渇水はもちろん、艦隊が入港すると、乗組員やドックでの需要を優先させるため、真水の使用制限を受けざるを得なかった。艦隊入港に伴う停電は日常的だったのだ。このため鎮守府では、加圧ポンプを導入して増量を図った。

昭和一三年（一九三八）六月、鎮守府は神奈川県営水道から分水を受ける契約を結んだが、これは横須賀市が建設した水道施設から分水されるもので、かつて海軍から分水を受けていた横須賀市と立場が入れ替わり、海軍が横須賀市から水を分与されることになった（『新横須賀市史』通史編・近現代）。それでも、さらに不足が予測されたため、今度は水源を相模川上流の高座郡有馬村（現海老名市）に求め、通過町村と協議のうえ、昭和一四年頃工事に着手した（有馬水系）。この水系二八キロの工事は、太平洋戦争が終戦をむかえた直後に完成を見ている（『新横須賀市史』別編・軍事）。

総動員の第六船渠

第四次海軍軍備充実計画（「④《マルよん》計画」）の策定に伴う大和型戦艦三番艦の建造には、その後の大型戦艦修繕を可能とする造船用船渠《せんきょ》を必要とした。このため横須賀軍港内で新たに建設工事が始められたが、問題は狭い基地内のどこに新たに巨大な船渠を建設するかであった。紆余曲折を経て、蠣ヶ浦《かきがうら》に面した小海岸壁裏の台地上の土地が選定されたが、第一〜第五まで並んだこれまでの船渠の向きとは異なり、内陸から機密を保てても、東京湾からは遥かに見えやすい位置だった。

技術指導は海軍省建築局長の吉田直、施工は海軍施設部だったが、艦政本部から艦形や寸法などの具体的な指示は受けなかった。このため、工事中の「大和《やまと》型戦艦」のデータから想定した結果、国内最大の船渠が誕生することになった。この船渠は昭和一〇年（一九三五）七月に起工したが、台地を掘り下げるこれまでにない難工事だった。

工事には、当時、最先端であったスチームショベルやダンプカー、ガントリークレーン、トラベリングクレーンなどが導入された。昭和一二年に東北六県から二五〇名を募集し、さらに市内外からも多数の労働力が動員されており、市内の小泉組、長谷川組などがこれを請け負った。

第六船渠の竣工は昭和一五年五月で、建設だけで約五年の歳月を要したが、船渠竣工直前に同船渠内で「大和型戦艦」（のちの航空母艦「信濃」）が起工している。

岡本伝之助市長の登場

昭和一六年（一九四一）一月、財政難の打開を期待されていた元海軍主計中将の市長久野《ひさの》工《たくみ》は、議会から「新体制の確立」のためという不明瞭な辞任要求を受け、不本意のまま辞任した。

二月に行なわれた市長選出の詮衡会では、前商業会議所会頭の小佐野皆吉が最も票を集めたが、海軍の反対により、小佐野は辞退せざるを得なくなった。こうした経緯で次の第一六代市長に就任したのが、株式会社雑賀屋《さいかや》の社長であり、市商工会議所の会頭であった岡本伝之助である。

岡本は、以前より商人の視点で海軍と横須賀市との〈特殊な関係〉を捉えており、商業会議所会頭時代から市財政の立て直しのために「海軍が真に市の立場を理解」することが不可欠と考えていた。このため彼は海軍省を訪ね、市の状況について海軍関係者から「深い同情と理解」を得ていたという（岡本良平編『岡本伝之助随想録』）。

市長就任決定が、海軍将校の親睦、研究団体の水交社で、しかも鎮守府参謀長、先任参謀、先任副官、分隊長らが集まるなかで行なわれたように、市長選出は鎮守府主導で行なわれ、横須賀の翼賛市会はここに誕生した（『新横須賀市史』通史編・近現代）。

岡本伝之助は市長就任後まもなく、「市是」を制定した。横須賀市発展のための市域拡大と、横須賀市と海軍との間に「真の協力体制を実現」させるためである。鎮守府と横須賀市との間で、衛生問題解決へ向けて下水道計画が協議されると、海軍もこれに理解を示し、岡本は海軍側から必要な鉄管すべてを提供する約束を取りつけていた。

ところが、ほどなくして日米開戦となり、戦略物資不足を懸念した海軍が資材の提供を渋り、この計画は頓挫した。しかし、一方で岡本市長が「市是」として進めた「大軍港都市計画」は、その後、海軍の協力を得て実現していくこととなる。

賑わう浦賀船渠

浦賀船渠では昭和七年（一九三二）後半より諸般の工事が増加し、海軍からの受注も順調だった。民間造船会社の浦賀船渠は、海軍省以外に日本郵船や山下汽船、北日本汽船や軍需品会社などからも注文を受け、かなりの好況であり、浦賀町も賑わいを見せた。

会社は海外からの受注にも力を入れており、昭和一〇年下半期にはソ連から「バケット式浚渫船」「泥艙船」など六隻を受注したほか（昭和七年一〇月竣工）、タイ国政府から海軍練習艦二隻（「ターチン」「メークロイ」）も受注した。また、昭和一二年には現地から造船監督官数名と見習職工一〇名が浦賀へ派遣され、竣工まで滞在した（同年六月引渡）。

造船業務は、昭和一二年七月の盧溝橋《ろこうきょう》事件でいったん停止したが、翌一三年には海軍省から、この事件で破壊された青島船渠と青島市港務局工作科の一括受託経営を任された。浦賀船渠の山下亀三郎が、上海での造船業経営計画を第四艦隊司令部に相談したところ、長官の豊田副武《とよだそえむ》から直接この依頼を受けたという（浦賀船渠株式会社編『浦賀船渠六十年史』）。これにより青島船渠は青島工廠に改称され、海軍の受注工事を主たる業務とする華北唯一の日本の造船所として機能することになった。

また昭和一四年八月には、海軍関係事務の緊密対応のため、浦賀工場内に特業課が設置された。しかし、ほどなくして国家総動員法に基づく工場事業管理令（第六条）が適用され、一五年三月、浦賀工場は海軍管理工場に指定された。これにより軍艦建造工事監督の海軍管理官が工場に常駐することになり、外来者の工場見学や出入規制が厳重になった。

映画「八十八年目の太陽」

日米開戦直前の昭和一六年（一九四一）一一月に、一本の国策映画が封切られた。東宝映画「八十八年目の太陽」である。協力は浦賀船渠会社、後援は海軍省、出演は徳川無声、英百合子、大日方傳ら、原作は高田保、演出は滝沢英輔、特殊撮影は円谷英二という豪華な顔ぶれである。「八十八年目」とはこの年がペリー来航八八年目だったことに由来する。

故郷を捨てて東京に出た主人公（大日方）が再び浦賀に戻り、職工の手が足りないなか、商船と軍艦の同時建造という大困難を、人びとと協力して乗り越えるという筋書きである。興味深いのは、その資料的価値の高さである。この映画はすべて当時の浦賀町、浦賀船渠会社内で撮影され、職工や浦賀町民までが多数エキストラとして参加している。そこには開戦直前の浦賀町の姿がある。駆逐艦「浜風《はまかぜ》」（設定では「はやかぜ」）の建造状況をはじめ、造船工場特有の「音」、煙、職工たち、街の雑踏、人びとの生活がリアルに映り込んでいる。当時の新聞は、「全体に勤労生活社会の感覚を表出し得たことは明瞭で、在来のアメ細工的な工場描写とは違ふ」と高くこの映画を評価している（『朝日新聞』昭和一六年一一月二一日）。

余談だが、私がこの映画を鑑賞したのは十数年も前である。フィルムの存在を知った横須賀市民有志の方々より京橋のフィルムセンター（現国立映画アーカイブ）での特別映写会に招待いただいたおかげである。意外だったのは、「国策」という言葉から感じる仰々しさとは無縁な、仲間や、家族、夫婦の「日常」が、そこに映っていたことだった。戦時にあっても当時の人びとは、我々が想像する以上にゆったりと「普通の日常」を過ごしていたのではないか。創作であることは承知のうえで、そう感じた。

一方で、演出か実際かは不明だが、「スパイに警戒せよ」などの貼紙が工場の各所に映りこみ、海軍管理工場として秘匿対象であるはずの建造状況や工場内部、町の様子は、映画のなかに露わである。参加者のなかには「懐かしい……」「知人が映っていた」などの声もあり、昔からの浦賀を知る人びととの反応は新鮮だ。しかし、封切から三週間後、日米は開戦する。浦賀船渠は、海軍の軍需工場として一翼を担っていくのである。

日米開戦と揺らぐ軍港

日米開戦

満洲事変後に建設された「満洲国」（昭和七年三月建国）を承認しないとする国際連盟と、それを求める日本側（代表松岡洋右）とが対立、これを不服とした日本は、昭和八年（一八三三）三月八日、国際連盟を脱退した。以降、日本は孤立を深めていく。

その後、日本は満洲国を維持しつつも、関東軍の暴走を許した結果、昭和一一年七月の盧溝橋事件以降、日本と中国は戦闘状態に入り、戦火は上海にも飛び火して全面的な戦争に突入した。

軍事物資が不足した日本は、資源獲得を目的に東南アジア方面に進出する（南進）。ところが東南アジアに植民地を有する、アメリカ（フィリピン）、オランダ（インドネシア）、イギリス（マレーシア）と対立。とりわけ日本にとって最重要資源輸入国であったアメリカからは、輸出規制という強力な経済制裁を受けた。日本側は交渉を重ねたが承諾に至らず、一九四一年一二月七日（ハワイ時間）、日本は米英との開戦に踏み切った。

「軍港市民たるの光栄」

日米の開戦は、昭和一六年（一九四一）一二月八日午前七時、ラジオの臨時ニュースをもって国民に伝えられた。横須賀鎮守府では正午に参謀長から訓示があり、海兵団では市民の士気を鼓舞するため午前八時から軍楽隊が市中行進を行なった。また、横須賀海軍工廠でも、工廠長の都築伊七が、職工ら全員を招集して訓示を与えた。

一方、横須賀市も午後一時に緊急市会を開き、「（我らは）軍港市民たるの光栄を浴するもの、爾今《じこん》（今後）益々鉄石の決意を固め、国家総力戦に対応せん」ことを決議し、市長の岡本伝之助が鎮守府司令長官と要塞司令長官、首相、海陸軍省宛に伝達した。さらに岡本は翌九日、連合艦隊司令長官（山本五十六）、マレー方面指揮官（山下奉文）宛に感謝状を打電した。

また市内では、商工会議所などの各種団体も対英米開戦の「決意」を新たにし、諏訪神社などで戦勝祈願を行なった。開戦当日の緊急市会の決議を、横須賀市民は「軍港市民」としてすぐさま受け入れ、「鉄石の決意」を示したのである（『神奈川新聞』昭和一六年一二月九日・一〇日)。

戦時体制の構築

この頃、市の組織体制の再編も進んだ。開戦より九か月前の昭和一六年(一九四一)三月の段階で、すでに従来の総務部と社会事業課・勧業課を廃止して、経済・市民・都市計画の三課を新設した。その後、市民課に置いた防衛係を防衛課に昇格させ、開戦後に復活させた総務部内の一課とした(昭和一七年一二月)。さらに防衛課は防衛部として独立、部内に改めて防衛課を置き、軍港都市における民防空の一層重大な役割を担った。

一方、町内会は「部落会町内会等整備要領」(昭和一五年九月)に基づき整備が進められた。これらの町内会・隣組は市の下部組織として、食糧・衣料の配給や供出、動員、統制、防空、防諜などの重要な役割を担った。終戦までの間に、横須賀では一六六の町内会に二一〇〇の隣組が組織されていた(「米国戦略爆撃調査団報告書」。以下、USSBSと表記)。また、昭和一八年四月には「連合町内会」が置かれ、「部落会」は「町内会」と改称された。

他方、戦時体制の構築に向け、翼賛選挙のための「大東亜戦争完遂翼賛選挙貫徹運動移動映画」も、一七年三月一〇日以降、横須賀市内や三浦郡内の国民学校で順次上映された。選挙関係の映画だけではなく、日本ニュースの最新版や「五人の兄弟」「燃ゆる大空」といった劇映画や、自然を映した文化映画なども上映され、翼賛啓蒙活動も活発化した。

「大横須賀」の完成

隣接する浦賀町・田浦町・衣笠村・久里浜村を合併し「大横須賀」を建設しようとする横須賀市は昭和七年（一九三二）七月、「大横須賀建設準備委員会」を設置した。この「大横須賀」計画は、翌八年の田浦町・衣笠村の合併により一段落したが、開戦直前の昭和一六年三月に岡本市政で再び浮上した。窮迫する市財政の建て直しのためにも、海軍のためにも市域の拡張は不可欠と考えたからである（岡本良平編『岡本伝之助随想録』）。

数年前、横須賀市は浦賀町や逗子町に一度合併を拒絶されたが、開戦以降「皇都ヲ守護スル一大軍港要塞」として横須賀の軍事的重要性が増すと、戦争遂行に協力するうえで、合併を自然のなりゆきに任すことなどできなかった。三浦半島の「鉄壁の大軍港」化を企図する海軍に対し、神奈川県は三浦郡全体の合併に消極的であった。このため三崎村や、御用邸はじめ皇族の別荘が所在する葉山町については、宮内省の意向が不明瞭であったことから足並みの乱れを警戒して「一応」除外された（『新横須賀市史』資料編・近現代Ⅲ）。

一方、昭和八年の段階で合併に至らなかった浦賀町は、下請事業も盛んで財政状況も良好だったため、合併には消極的であったが、岡本横須賀市長が海軍に「一層の努力」を要請した結果、昭和一八年一月の浦賀町議会で「一人ノ反対者モナク」、合併は承認された（「(浦賀町）昭和十八年庶務書類」『新横須賀市史』資料編・近現代Ⅲに掲載）。

また、逗子町も横須賀水雷隊司令官などを歴任した元中将の上泉徳彌《かみいずみとくや》、同じく元中将で横須賀鎮守府参謀長などを歴任した釜谷《かまや》忠道《ちゅうどう》ら斡旋もあって、昭和一八年四月に合併に同意し、ほかの各町村もこれに合意したことから、二月八日、隣接四町二村（浦賀町・逗子町・大楠町・長井町・武山村・北下浦村）と横須賀市との合併が成立した（図26）。

三浦郡全体の合併には至らなかったが、昭和一八年四月一日、「大東亜戦争ニ勝ツ為」「戦力増強ノ為」「大東亜共栄圏ノ安全地帯ヲ確立スベキ策源地トシテ」の合併により、「大横須賀」はここに完成したのである。

祝捷パレードが縮小

華々しい緒戦の報道とは対照的に、軍港都市内には緊縮・自粛・節約ムードが漂った。恒例行事が次々と姿を消したからである。たとえば、区町村主催の戦死者の公葬に際しては、これまで鎮守府司令長官代理が参列していたが、開戦直後の一二月一三日以降は「代理者ノ選定困難」との理由で参列は中止となった。海軍官衙に至近な地域は例外とされたが、司令長官代理の参列中止は開戦直後からの決定事項だった。

また、日本軍がマレー作戦によって一九四二年（昭和一七）二月にシンガポールを陥落させたあとの祝賀行事も、（一）増産を阻害しないこと、（二）資材を濫費しないこと、を実施上の注意に掲げ、増産に関わる「産業労働者」を遠方から呼び出すことを禁じ、提灯行列に不可欠な蠟燭の使用すら規制された。また北下浦村では、三月の第二次戦捷《せんしょう》祝賀に際して、町村長、村会議員などの参加が義務づけられたが、農繁期のため一般村民の参加は各自の自由となった。つまり戦捷行事の主眼は、あくまで「国民士気ノ昂揚」にあり、祝勝行事より増産が優先され、かつての日清・日露戦争時のような、賑やかな行事は、開戦直後から否定されたのである。いかに深刻な状況で日本が開戦に踏み切ったかが伝わってこよう。

いきなりの空襲

日米開戦直後の一九四二年（昭和一七）一月一六日、アメリカのフランクリン・ルーズベルト大統領は、日本の真珠湾攻撃に対する報復措置として、日本本土に対する直接爆撃の検討を指示した。爆撃目標は、東京・横浜・川崎・千葉・名古屋・神戸などの「湾岸工業地帯」、そして「横須賀軍港」であった（ドーリットル空襲）。

四月一八日（日本時間）、航空母艦「ホーネット」を発艦した第三七爆撃中隊一六機（B25）中の第一三番機は、東京湾の猿島南部の海上に達すると横須賀市の中心部に突入した。土曜日の長閑な春の昼下がり、多くの市民は、横須賀市の中心地に超低空で侵入し頭上をかすめた米軍機の存在に気がつかず、直後に発せられた空襲警報で初めて空を仰ぎ、敵機の侵入を知った。

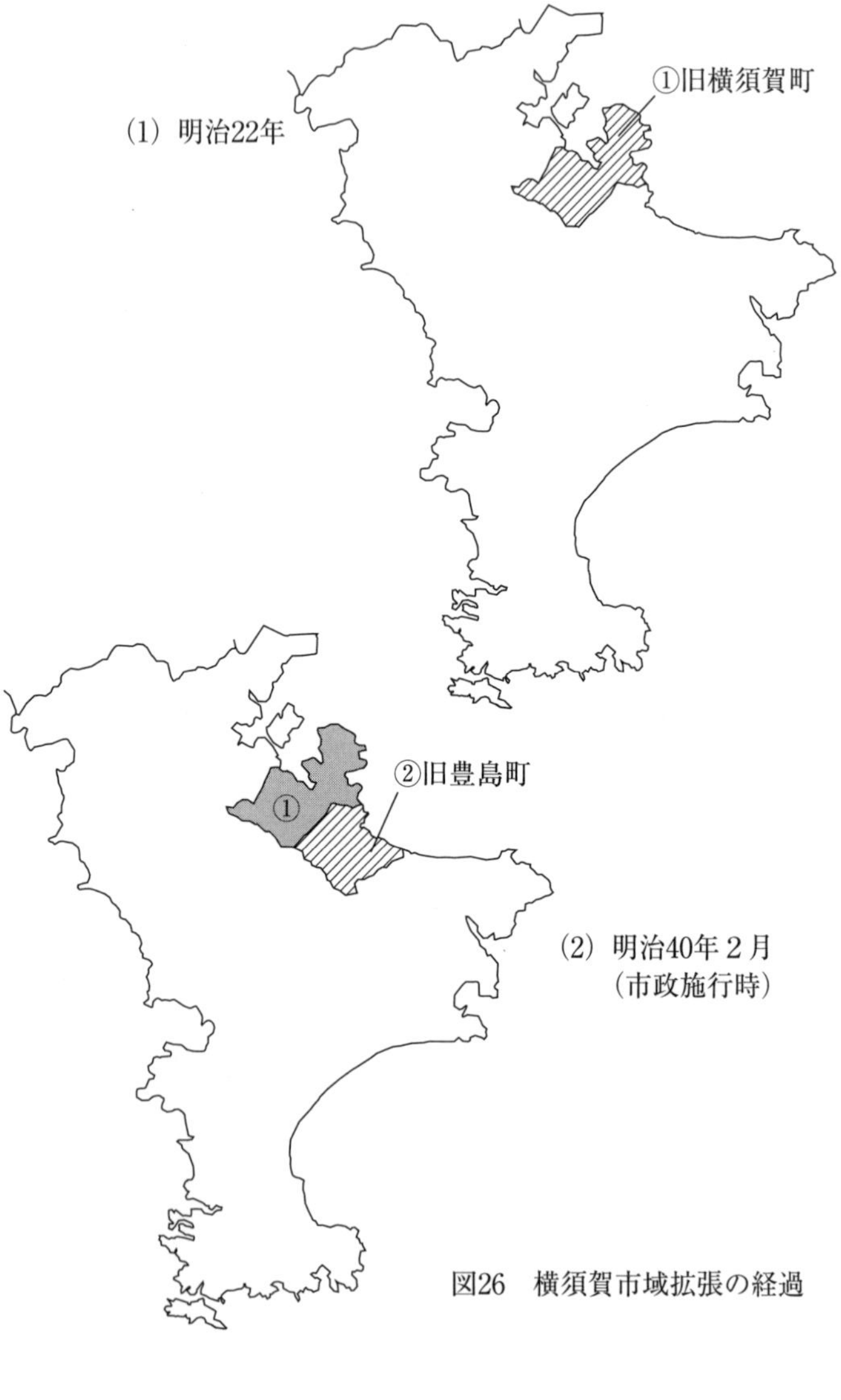

図26　横須賀市域拡張の経過

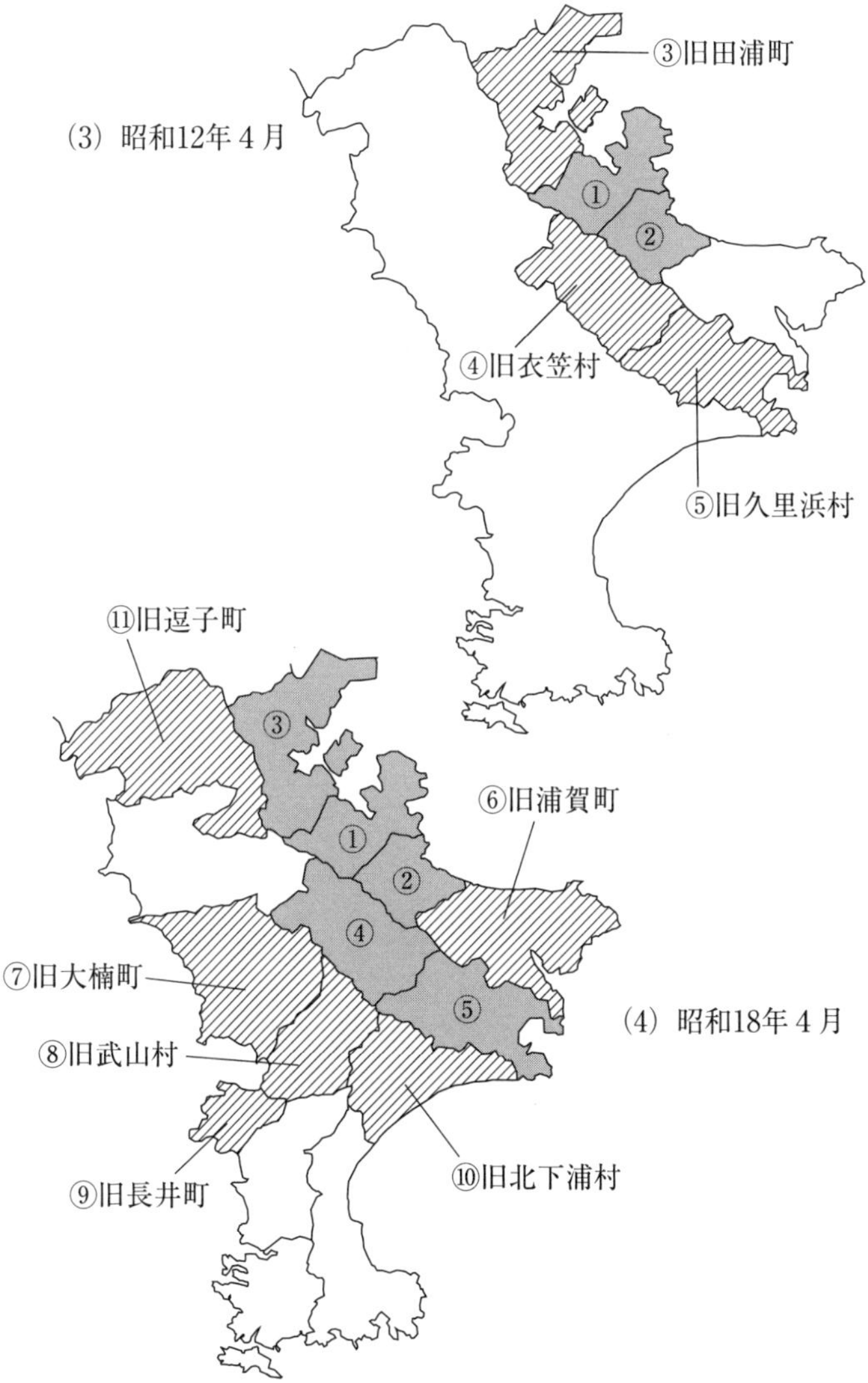
③旧田浦町
(3) 昭和12年4月
①
②
④旧衣笠村
⑤旧久里浜村
⑪旧逗子町
③
①
⑥旧浦賀町
②
④
⑦旧大楠町
⑤
(4) 昭和18年4月
⑧旧武山村
⑨旧長井町
⑩旧北下浦村

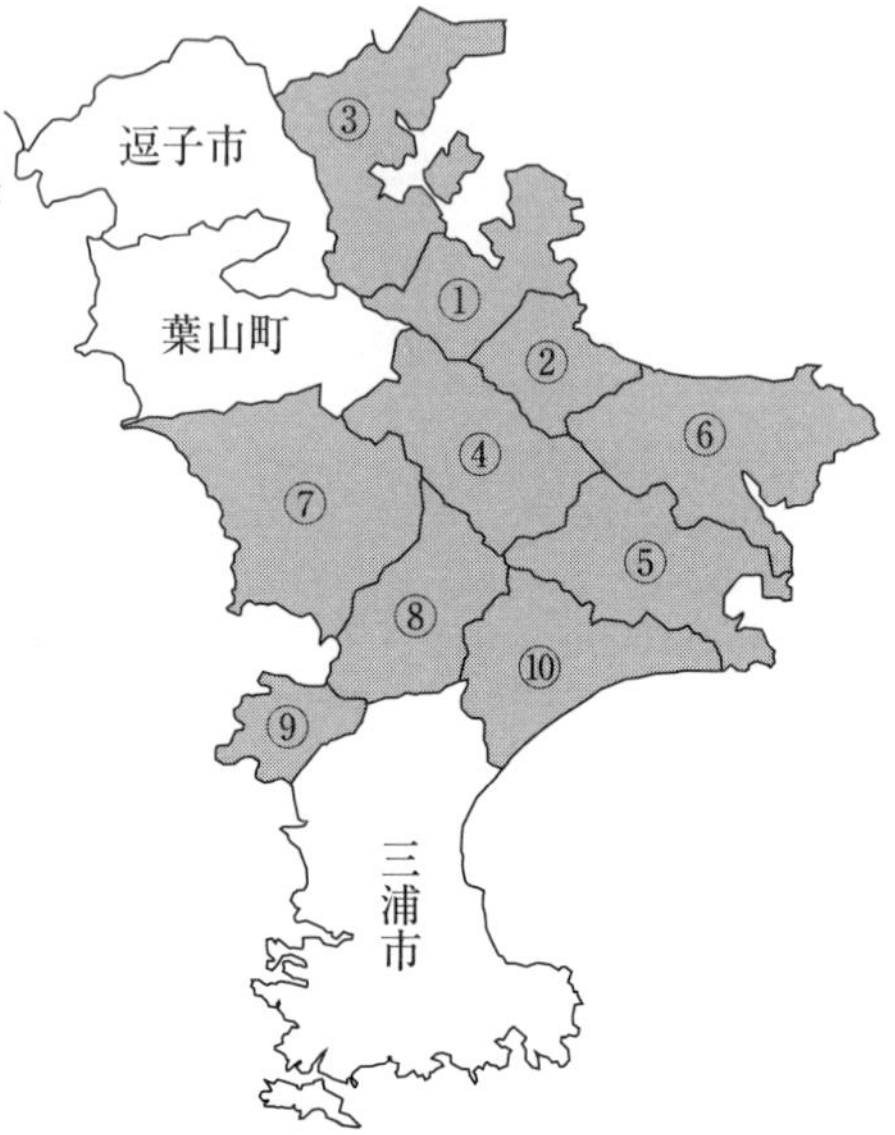

(5) 昭和25年以降
(現在の市域)

当時、逸見《へみ》国民学校の教師で、児童を引率して遠足の帰途にあった鈴木千代子氏は、そのときの様子を次のように語っている（「市民が語る横須賀ストーリー　教員生活と山中町空襲」）。

逸見駅のガード下を歩いてましたら警戒警報が鳴りましてね、それで見ましたら上を飛行機が飛んでるから子供たちを全部土手に寄せてね、ちょうど遠足の帰りだったからね、忘れないんです。土手に寄せて座ってなさーいって、それでみんなでこうやって見てたんです。

虚を突いてきわめて低空から飛来した第一三番機は、市街地を機銃掃射しつつ、焼夷弾を含む三個の爆弾を次々と投下した。この時、予備学生として内火艇訓練中だった渋谷駿氏は、頭上を通過するB25を目撃、のちにその高度約「一〇〇メートル」と算出している。

初弾は基地内楠ヶ山に、次いで工廠造機部機械工場付近に着弾、三弾目は第四船渠で航空母艦（以下、空母と表記）に改装中の「大鯨《たいげい》」の右舷に命中し、同船渠内で大炎上した。この時、第六船渠では「大和型第三番戦艦」（のちの空母「信濃」）を建造中であったが、飛行経路はわずかに南側に逸れ、幸いにも攻撃を受けなかった。

空襲と「軍港市民」

空襲翌日の『神奈川新聞』（昭和一七年四月一九日）は「海軍施設並に人員に被害なし」と鎮守府の発表をそのまま報じた。だが、実際には第四船渠および入渠改装中の「大鯨」とともに、兵士五人が負傷、工員二人が重軽傷を負ったほか、掃射により市民三人が負傷していた（「横須賀鎮守府戦時日誌」）。

すぐそばが自分の工場だったんですね。みんなして何の音かわからないから、中にいた職工は右往左往、あっちへ行く人もこっちへ行く人もいて、工廠中ほこりが舞いあがって、工場の鉄の扉が大きいでしょう。それがバーンと倒れたり、大変だった。

と、造機部で作業中だった鈴木正年氏が語っている（「市民が語る横須賀ストーリー　海軍工廠と職工生活」）。

この空襲の際、軍港南部の小原台《おばらだい》では高角砲が未整備だったため小銃で応戦し、楠ヶ浦と吾妻山では機銃で応戦した。また、港内に停泊中の巡洋艦、駆逐艦が慌てて応戦したが、前出の鈴木千代子氏によれば、「飛行機がこっちへ行くとここで高射砲が破裂、こっちへ来るとここらへんで破裂して、当たらなかったんです、結局」と語っており、市民ははからずも、そうした状況を目撃してしまうことになった。

では、市民たちがこの空襲を機会に、すっかり縮み上がったかというとそうでもない。敵の空襲と果敢に闘った武勇伝的な翌日の報道もあり、動揺する海軍内部とは対照的に、軍港市民は自信に満ちていた。

横須賀市は翌一八年三月に「防空服装生活日」を定めて不慮の事故に即時対応可能な軽装を促し、市役所や雑賀屋デパートでは社命でモンペを奨励した。しかし、横浜東京方面へ向かう会社員のほとんどが「背広にソフトの普通服」、街の女性はハイヒール姿だったという。『神奈川新聞』は「総体的に趣旨が浸滲していない憾み」があると指摘したが、当時さえまだ街全体が、ちょっとした安心感のなかにあったことを物語っている。

「船がない……」　思いがけないアメリカの空襲に動揺した日本海軍は、ミッドウェー攻略を急いだ。横須賀では軍艦の入出港が相次いだが、職工らはこれらの艦艇がどこへ向かうのか知る由もない。わかっていたことは、出港した軍艦が戻らず、軍港内が閑散としていったことだった（聞き取り）。

開戦時の連合艦隊は、一〇隻の戦艦と三八隻の巡洋艦、一一二隻の駆逐艦を備えており、戦力は単純に日本海軍が優勢であったとされる（表21）。ところが開戦から終戦まで、横須賀海軍工廠で起工した主力となる艦艇は表22のとおりで、後述する空母「信濃《しなの》」は開戦以前の起工のため、「㊙《マルきゅう》計画」で建造された戦時建造艦の中型空母「雲龍《うんりゅう》」一隻にすぎない。ちなみに「雲龍」は昭和一九年（一九四四）八月の竣工だが、期待されていた第一航空戦隊再建も、搭載機の激減により機動部隊として参戦はできなかった。航空母艦でありながら搭載機のない「雲龍」の仕事はもっぱら輸送で、それも兵員以外では「桜花《おうか》」（特攻機）、「震洋《しんよう》」（特攻艇）を搭載していたが、竣工から四か月余りの一二月一九日に東シナ海で雷撃を受けて沈没した（『新横須賀市史』別編・軍事）。

日米開戦という重大局面に艦政本部が「意図的」に大型艦艇の建造を中止した点について、海軍が短期決着を想定し、保有艦の補填、修理で可能と考えていた、という見方がある（田中宏巳『横須賀鎮守府』）。確かに開戦以降の起工は、呉では空母「葛城《かつらぎ》」と軽巡「大淀《おおよど》」、佐世保と舞鶴では戦艦、空母、重巡の新造はなく、それ以外では、たとえば民間の浦賀船渠会社でも、海軍省からの受注は、「涼波《すずなみ》」「岸波《きしなみ》」「清霜《きよしも》」「宵月《よいづき》」の駆逐艦四隻のほかは、海防艦、敷設艦などの小艦艇だけであった。

表21　日本海軍保有主要戦闘艦艇（太平洋戦争開戦前）

	戦艦	重巡	軽巡	空母	水上機母艦	駆逐艦	潜水艦	海防艦
隻数	10	18	20	10	7	112	65	4

（出典）　海軍歴史保存会編『日本海軍史』第１巻（1995年）より作成.

表22　太平洋戦争開戦以降の主な建造艦艇（横須賀海軍工廠）

年	戦艦	空母	巡洋艦	駆逐艦	潜水艦	海防艦
昭和17年	—	—	—	—	伊31・伊36	—
昭和18年	—	—	能代(軽)	—	伊180・伊182・伊185・伊184	—
昭和19年	—	雲龍・信濃	—	竹・桐・樅・檜・楓・桜・欅	伊44・伊54・伊56・伊365・伊368・伊58・伊369・伊372	第２・４・６・12・14・16号
昭和20年	—	—	—	橘・蔦・萩・柿・菫・楠・初桜	伊373	—

（出典）　横須賀海軍工廠会編『横須賀海軍工廠外史』改訂版（1991年）より作成.

軍港は、戦線から帰港する軍人らが一度は経由するから、さまざまな風説が飛び交った。憲兵らはこの対策に躍起になり、また、工廠内では職工らに緘口令を敷いた（聞き取り）。大本営発表や新聞報道の矛盾、建造・修理艦艇の激減と資材不足、作業の不統一感。工廠では工場ごとのセクショナリティーが徹底しており、毎朝工廠門から入り、自分の工場に直行し、終業時も列を組んで工廠門へ直行するため、隣の工場が何を作っているのかさえわからなかったが、どういうわけか戦況は少しずつ耳に入ってきたという（聞き取り）。現場の職工たちはこの戦争の現状を知りつつも、沈黙を強いられていたのだった。

「軍港のお膝元」という圧力

金属供出や防空演習などは、周辺町内会と競わせながら進められたが、横須賀は〈海軍の街〉であったことから、ほかの一般町村と比較、注目された。その時に用いられたのが「横鎮（横須賀鎮守府）の膝元」「軍港市民」といった常套文句である。

昭和一六年（一九四一）八月、銃や砲弾に使う戦略物資不足を補うため「金属類回収令」が出され（昭和一八年改正）、家庭からの金属回収が始まったが、横須賀市の金属回収成績が県内市町村と比較して芳しくなかった。市としては「軍港都市にふさわしい成績」を挙げなくてはならず好成績をあげるのに躍起だった。

「軍港市民」としての忠誠心やふさわしさを強調する記事は、明治期より新聞紙上に頻出していた。志願兵の応募数をはじめとして、「軍港のお膝元」であるがゆえの精神的な圧力を、軍港都市や市民は常に受けてきたということになろう。

一方で軍港市民らしい娯楽もあった。市長の岡本伝之助は「大軍港都市」にふさしい「市風」を作興させるべく、昭和一八年二月には横須賀文化協会を設立させた。結成当時は「土地柄」、傷痍《しょうい》軍人や産業戦士慰問や激励など軍事色は濃厚であったが、大佛次郎《おさらぎじろう》・久米正雄といった小説家や、漫談家の松井翠声といった講師を招いて、大東亜文化大講演会や海軍記念日を祝しつつ、郷土史展覧会を企画するなど、戦争一色に染まるなかで、大軍都に育った横須賀の「郷土の再認識」を試み、人間性の維持を図る動きも試みられた（『新横須賀市史』資料編・近現代Ⅲ）。

また横須賀税務署では、接客業者が保有していた酒類を開放して、「明日への戦力増強の源泉」とするため「勤労酒場」を開店した。店舗や時間も限定的であるが、職工らの気休めにはなっていたかもしれない（『神奈川県新聞』昭和一九年九月四日）。

学童疎開・建物疎開

そうした状況も、昭和一九年（一九四四）六月中旬にアメリカ軍の本土空襲が始まると、海軍が守ってくれるはずの軍港都市も、都市疎開が不可避となった。神奈川県の学童疎開は、七月八日の地方官会議を経て、横浜・川崎・横須賀の三市を対象に実施された。横須賀市の疎開先は当初、政府の方針で静岡県と定められていたが、神奈川県知事の近藤壌太郎の決断で、急遽県内に変更された。児童や教師、親の不安払拭や迅速な対応などを考慮したためとされる（横須賀教育研究所編『体験記集―横須賀の学童疎開』）。

横須賀市は、相模川沿を中心に旧愛甲郡（相模川以西の現厚木市・清川村・愛川町）と旧高座郡（相模原以東の現相模原市・座間市・大和市・綾瀬市・海老名市・寒川町・藤沢市・茅ヶ崎市）の各町村へ割り当てられ、とりわけ高座郡相模原町への疎開が多かった（高村聰史「学童疎開と相模原町」）。

注目すべきは疎開先の事情である。神奈川県は関東でも圧倒的に軍施設が多く、とりわけ疎開先だった高座郡相模原町（現相模原市）には陸軍士官学校（昭和一二年）、相模陸軍造兵廠（昭和一五年）、同郡綾瀬村には厚木飛行場などがあり、格好の標的と考えられた。学童らは、それらの施設から少し離れた場所に疎開したが、連日の空襲警報や機銃掃射を受け、命の危険に晒された学童も少なくなかった。まさに〈軍港都市〉から「軍都」へ、危険な街から危険な町に疎開し、さらに再疎開を余儀なくされる典型例である。縁故疎開の学童にも同様な例が見られる。

また横須賀という土地柄、父兄が軍関係者という学童も少なくなかったが、差し入れなどに微妙な差異はあったものの、優遇はなかったといってよい。横須賀市内の国民学校では学校統合が進み、疎開をしない、いわゆる「残留組」はそこへ通学した。空《から》になった校舎には市役所の機能が移転されたほか、海陸軍が空き教室を利用、校庭は資材置場などに利用されたが、戦後もしばらく放置され、諏訪国民学校のようになかなか再開できない例もあった（「特集・学童疎開」・『市史研究横須賀』第一六・一七号）。

一方、これと前後して、すでに横浜市と川崎市が先行していた建物疎開が昭和一九年七月に横須賀でも実施された。海陸軍施設周辺を中心に、市内では「七回」にわたって建物疎開が実施され、四一九二戸が解体された（USSBS）。軍施設が各方面にあった横須賀市では京急汐入駅（旧軍港前駅）前や現在の米海軍基地ゲート前、およびドブ板（本町）稲岡町、現在の東芝ライテック周辺にその名残がある。

横須賀市としても、軍港特有の地形を活かした防火対策を構想し、都市部を分断することで火災の延焼を制御しようとしていたが、結果的に市内に焼夷弾の大量投下はなかった（USSBS）。

「理想的」な防空壕

軍港都市が防空都市建設に有利と考えられる点があるとすれば、それは限定的ではあるが、防空壕に適した地形に〈恵まれた〉ことだろう。防空壕のその構造自体が、米軍の爆撃や焼夷弾攻撃に有効でなかったことは周知である。ただ、切り立った壁面が見られる軍港周辺の特殊な地形は、横穴式防空壕建設に最適とされ、当時は「日本全国に比類なき」、「理想的防空壕」として地域住民から信頼を得ていた。三浦半島南部は海蝕洞穴が多いことで知られるが、現在の横須賀市内でもこの洞穴や壁面を利用した防空壕の跡が散見される。なかには車庫や倉庫として利用されている例も見られる。

町内会で利用する比較的大きな横穴式防空壕には「退避壕」や「防火水槽」なども設置された「至極完全」な防空壕もあった。しかし、収容力や換気、衛生、就寝面では不満足で、市民の五〇％程度しか評価されていなかったようだ（USSBS）。

街から姿を消す商店

衆議院議員を兼任していた岡本市長が業務多忙により昭和一八年（一九四三）四月に退任すると、翌五月に神戸市助役、横浜市助役を歴任した内務官僚出身の梅津芳三が市長に就任した。

横須賀市では五月、総務部に総力課を設置し、町内会や国民貯蓄、資源回収、労務動員などを、この一課で一括することにした。産業課では同年七月の「小売業整備実施要綱」により青果小売業など二〇業種、さらに翌一九年五月の「自発的転廃業者処理要綱」により、陶磁器小売業ほか七種と生活必需物資小売業二一業種を次々と整備し、街のなかから序々に商店が姿を消していった。

軍都の教育と学徒勤労動員

吉田松陰の甥、吉田庫蔵が初代校長だった県立横須賀中学校（現横須賀高校）では、昭和一八年（一九四三）一一月、海陸軍の諸学校への「空前の大量合格者」（海兵三五名、海機四名、海経一名、陸士二八名、陸経一名の計六九名／七五期）が発表され、「賀中に歓呼のどよめき」があがった。これにより「軍港健児の面目を遺憾なく発揮」と報じられ、彼らが軍港を旅立つ一方で、勤労動員学徒が次々と横須賀へ入ってきた（『神奈川新聞』昭和一八年一一月六日）。

学徒勤労動員は、開戦前年の昭和一三年四月一日に公布された国家総動員法に基づいて出された昭和一九年八月の勅令「学徒勤労令」によっている。労働力の不足を補い、生産力増強を目的に実施された学徒勤労動員は、中等学校以上の学生を対象に行なわれた。横須賀では鎮守府の管轄が四鎮守府で最も広かったことから、東北から中部地方に至るまで多くの学徒が動員されてやって来た。横須賀市内の中学校（横須賀第四中学校・逗子開成中学校・三浦中学校・大津女学校・市立第一・第二女学校など）はもちろんであるが、福島や宮城など、とりわけ東北の女学校からの動員が多かった（福島県立福島高等女学校第四三回卒業藍の会編『敷島の海なお藍く』、宮城県石巻高等女学校昭和二十年卒生横須賀白梅隊編集委員会編『娘たちのネービー・ブルー』）。

誰もがそうであるように、彼女たちにとって横須賀は、「重要な軍港」という漠然とした認識しかなかった。ただ「お国のために」役に立ちたいという純粋な意志と、「海軍さんへのあこがれ」や、ちょっとした「修学旅行気分」が綯《な》い交ぜとなって、横須賀を希望した女学生たちも少なくなかった。

しかし、到着した彼女たちには厳しい現実が待ち受けていた。早朝から軍歌を歌って職場へ行進、食糧不足は日常であったため、栄養失調で倒れる者もいた。動員先でケガや戦死した例も少なくない。ただ学童疎開と異なるのは、彼女たちがそれなりの「お年頃」を迎えていたことであろう。動員先で他校の学生と友達になったり、外出許可を得て市内や鎌倉に見学に出かける学生もいた。空襲警報で防空壕へ避難誘導した海軍士官と隣り合わせになった時、「とても素敵に見えた。あこがれのネービーが傍らに居るとなると話は別、恐怖と背中合わせに青春がそこにあった……そっと短剣のはしにふれてみた。何となくヤッターという気分になった」と語る女学生もいた（前掲『娘たちのネービー・ブルー』）。

その一方で、最先端の航空機を扱う憧れの第一技術廠（海軍航空廠）の工場に動員となり、期待に胸を膨らませていたところ、あまりにもみすぼらしい工場と作業内容に驚いたという地元の男子学生もいた（聞き取り）。いずれにしても、それだけ多くの学徒が東北を中心に動員され、青息吐息の横須賀海軍工廠を支え続けたのである。

世界最大！空母「信濃」誕生

小海岸壁の背後に建設された第六船渠には、戦艦建造中の様子が見えないよう「目隠しの土手」まで構築された。ところが、ミッドウェー海戦で主力航空母艦四隻を喪失したため、昭和一七年（一九四二）九月に戦艦の建造をすべて取りやめ、空母の大幅増加に計画が変更された（「改⑤《かいマルご》計画」）。本来であれば船体工事に大きな影響はなかったが、「大和」「武蔵《むさし》」同様の四六センチ三連装砲塔三基九門はもちろん、造兵部が準備していた兵器や機械などの不用品が廠内で大量に残されたという。

その後、順調に進むかと思われた建造作業は、帰港する損傷艦艇の修理が優先され、昭和一八年三月に一時中断した。当時、横須賀海軍工廠では前出の「雲龍」の就航を控え労働力不足であったが、造船部では工場間の融通や造機部、造兵部へ支援を求めたほか、多忙を極める民間造船所（浦賀船渠など）や市内の海軍工機学校、同工作学校・砲術学校、航海学校、機雷学校などの術科学校、さらに海兵団へも協力を求め、職工と兵士、学徒、女子挺身隊らがともに、空母「信濃」竣工へ向けて次々と作業に動員された。

事故や過労で十数名の死者も出るほどの突貫作業現場であったが、「信濃」と命名された巨大空母は一〇月八日、進水した。当時、世界最大の排水量を誇る大航空母艦の門出であったが、かつてのような華々しさや行幸もすでになかった。

特攻兵器生産工場としての横須賀――〈軍港都市〉の崩壊

特攻兵器「海龍」「震洋」「桜花」

戦況がすでに悪化の一途をたどりつつあった昭和一九年（一九四四）四月、軍令部は海軍省に「特殊兵器」の試作緊急実験の要望書を提出した。当時消極的であった海軍省内に「海軍特攻部」を新設したのは、それからわずか五か月足らずの九月のことだった。

一方、軍令部は四月以降、特攻兵器の開発を進めていたが、その計画は主として、水上および水中の特攻兵器だった（表23）。

特攻兵器の開発は、横須賀が誇る海軍航空にも及んだ。同年八月、海軍航空の大田正一（少尉、海軍偵察員）が、火薬ロケット推進による高速の体当たり滑空機の開発を、この時、海軍航空技術廠廠長の和田操（中将）に提案した。これが兵器の秘匿名称を「(大)《マルだい》部品」

として制式採用され、航空本部は海軍航空技術廠に研究試作を命じた（防衛庁防衛研修所戦史室編『戦史叢書』四五・大本営海軍部・聯合艦隊6・第三段作戦後期）。

「海龍《かいりゅう》」（SS金物）は、全長一七・二メートル、全幅三・四五メートルの小型有翼潜水艇の特攻兵器である。乗員は二名、計画時秘匿名は「㊂金物《マルさんかなもの》」。昭和二〇年四月に量産開始、終戦までに二二四隻が建造された。そのうち横須賀海軍工廠の建造数が最も多かった。「海龍」の配備は横須賀鎮守府所属部隊が最も多く、第七特攻戦隊（第一一・一四・一七突撃隊）および第一特攻隊（横須賀突撃隊・第一一・一五・一六・一八突撃隊）だけで一五六隻、三浦半島南端の油壺《あぶらつぼ》に配置された第一一突撃隊と横須賀突撃隊に三六隻ずつ配備（昭和二〇年七月）されたが、実戦で使用されることはなかった。

「震洋」は、ベニヤ板で作られたモーターボートに爆薬を積載して敵艦に体当たりするもので、秘匿名は「㊃金物《マルよん》」。昭和一九年五月の試作艇完成以降に増産され、終戦までに六二〇〇隻が進水していた。「震洋」は横須賀鎮守府管轄だけで六七五隻、勝浦方面に配備された第一二突撃隊には二二五隻が配備された。

のちに横須賀を占領した米軍の海兵隊員が、放棄されていた「震洋」を操縦したところ、海上の小さな木片に当たっただけで「卵の殻が割れるように壊れ」てしまうほど華奢な構造だったという（『新横須賀市史』資料編・近現代Ⅲ）。

特別攻撃機「桜花」は、機首の内部に大型爆弾を搭載し、母機である「一式陸攻《いっしきりっこう》」から分離発進、敵に体当たりする有人滑空機である（図27）。秘匿名は「㊅《マルだい》」。設計、試作、生産は横須賀の海軍航空廠（第一技術廠）で行なわれた。第一号機の完成は昭和一九年九月、最初に生産された「桜花一一型」をフィリピン方面で投入する予定だったが、輸送に利用した「信濃」が撃沈され、この五〇機も海底に沈んだ。その後、カタパルトから射出される「四三乙型」も計画され、改造された練習機は、横須賀市内の長井飛行場（現ソレイユの丘）で実験に成功したが、その後ほどなく終戦を迎えた。

また、軍需工場となった先述の浦賀船渠会社も「SS工場」（「海龍」）を特設するなど、特攻兵器生産にも加わった（浦賀船渠株式会社編『浦賀船渠六十年史』）。横須賀は今や、特攻兵器の大量生産工場に変容してしまったのである。しかし、まだ横須賀には帝都防衛という重大な責務が残されていた。

武装される半島―最後の砦

連合国軍の本土進攻が確実になると、昭和二〇年（一九四五）一月二〇日、大本営は「帝国陸海軍作戦計画大綱」を決定。これに伴い国内の決戦体制構築が進められ、関東地方の陸海軍地上部隊を統括する第一二方面軍は、海岸地帯の戦闘に関しては横須賀鎮守府の諸部隊と協力することになった。連合国軍の上陸ポイントを、海陸軍は九十九里浜と湘南海岸の二か所を予測していたが、横須

月
–
–
・5月28日制式採用
式採用
–
式採用
–
–
–

編・軍事（2012年）より

図27　特攻兵器「桜花」

図28 「橘花」のエンジン「ネ－20」

表23　水上・水中兵器計画（艦政本部所属）

秘匿名	目的・用途	採用後の呼称	採
㊀金物	対潜水艦攻撃用潜航艇	—	
㊁金物	対航空機用兵器	—	
㊂金物	S 金物—水中有翼小型潜水艇	「海龍」	昭和20年４月量産
㊃金物	衝撃艇（船外）	「震洋」	昭和19年８月28日
㊄金物	自走魚雷	—	
㊅金物	人員操縦魚雷	「回天」	昭和20年５月28日
㊆金物	電波探知用兵器	—	
㊇金物	電波探知防止	—	
㊈金物	特攻部隊用兵器	（「震海」）	

（出典）　海軍歴史保存会編『日本海軍史』第１巻（1995年），横須賀市編『新横須賀市史
作成.

賀鎮守府では東京湾内の久里浜《くりはま》海岸や観音崎周辺も想定されていたという（聞き取り）。以降、本格的に三浦半島の武装化が急速に進行する。

三浦半島西海岸の高台にはのどかな農村地帯が広がっていたが、相模湾を望む絶好のポイントであったことから、すでに昭和一八年以降から、海軍による用地買収が進められていた。ここに中級滑走機の搭乗員養成と陸上射出訓練場となる飛行場の建設が予定されたが、一九年六月末には練習機（「桜花四三型」）の射出試験に成功したため、この飛行場は七月一四日、海軍省の命令により「桜花四三乙型」専用として整備されることになったものの、ほどなく終戦となった（二四

五頁参照)。特攻機「桜花」のための飛行場であったから、地元の設営隊の間では「自殺飛行場」とまで称されていたようだ(聞き取り)。

追浜のそれと比較しても貧弱で未完成な飛行場ではあったが、米軍はこの飛行場を「OTAWA(大田和)Air Fierld」と称して攻略地点の一つとして捉え、昭和二〇年二月以降、数度にわたって機銃掃射を加えて牽制している(高村聰史「米英海軍による空襲と横須賀」)。

他方、特攻兵器の範疇に加えるべきではないが、「橘花《きっか》」の正式エンジンとなった「ネ―二〇」の開発や、「秋水《しゅうすい》」のロケットエンジン開発もこの当時の成果として忘れてはならない(図28)。

陸軍はいずこへ

「軍港都市の陸軍」である横須賀重砲兵連隊は、開戦直前の昭和一六年(一九四一)一〇月、東京湾要塞重砲兵連隊(東部第一二一二部隊)と横須賀重砲兵連隊補充隊(東部第一八九部隊)に分裂改編された。それから二年を経た昭和一八年以降、東京湾周辺に敵潜水艦が頻繁に出没するようになると、横須賀鎮守府が剣崎(現三浦市)・大房(千葉県)以北の対潜防御を強化し、陸軍は一九年二月三日に千駄ヶ崎砲台の第一大隊第三中隊を剣崎砲台まで移動させた。以降、陸軍は兵力の重点を東京湾口の三浦半島南部、そして房総半島へ移した。

昭和二〇年に入り、敵の本土侵攻が確実になると、さらに東京湾要塞重砲兵連隊が改編され、第一大隊の「三浦地区」を除く第二大隊・第三大隊のすべてが、房総、大島、元村、泉津の各方面に分散し、四月一日には東京湾要塞の主力を房総半島南部に移動、東京湾要塞戦闘司令所を那古町（現館山市）に移設した（前掲『横須賀重砲兵聯隊史』）。

その後、東京湾要塞司令部が東京湾守備兵団に編合されると、三浦半島の防衛は海軍が指揮することになった。ただすべての陸軍が房総半島に移動したのではなく、三浦半島南端の城ヶ島、剣崎、観音埼の砲台は東京湾要塞重砲兵連隊が管理し、千代ヶ崎は重砲兵学校が管理していた。そのほかに横須賀重砲兵連隊の補充兵などを合わせて二〇〇〇名以上、編成中の独立混成一一四旅団を合わせると、人的には相当数の陸軍兵士が三浦半島に待機していたことになり、それらが鎮守府司令官の指揮下に置かれていたのである（鈴木淳「コラム　横須賀の陸軍部隊」）。

六月、東京湾守備兵団が東京湾兵団に改編、千葉県に拠点が移された。ところが、東京湾兵団内では慢性的に兵器や食糧が不足しており、繋留《けいりゅう》中の戦艦「長門《ながと》」から撤去した三連装機関砲が房総に移設されたほか、海軍砲術学校の教育用高角砲台四門も東京湾兵団に譲渡されるなど、鎮守府の協力を得なくてはどうにもならない状況だった。

また食糧についても、「東京湾守備兵団食糧生産班規定」を定めて、物資収集のための出張所を東京に置いた。また、六月には「援漁隊」を編成し、地元の漁村に協力して漁獲増産、食糧確保に努め、さらに「製塩班」を組織して塩の自給に努めた。建設資材や燃料の不足については、東京や横浜に出張して空襲被災地から廃材を回収するなど、涙ぐましい努力を続けた。

奮闘！浦賀船渠

さて、市内最大の民間会社だった浦賀船渠会社の戦時を見てみよう。旧浦賀町（昭和一八年二月に横須賀市に合併）にあった浦賀船渠株式会社は、昭和一九年（一九四四）一月には第一次軍需会社に指定され、それまで取締役社長であった堀悌吉《ほりていきち》が生産責任者に選任された。戦時中に浦賀船渠で建造された艦艇は表24に示すとおりで、当時は「毎月一隻以上の船が進水」して活況を呈したという。

海軍の急増要請を受けた浦賀船渠は、一七年九月から四日市工場（三重県）の新設を進めた。浦賀本社でも工事量の急増に伴う船舶建造施設諸費などの政府助成が増額されたため、機械工場、仕上工場など各工場の新設や拡張、護岸整備など、急ぎ拡充が図られた。

戦後、浦賀船渠は日本有数の造船会社となるが、この時の拡充施設が空襲被害を受けずに残存したことも早期復旧が可能となった理由である。これに対し、四日市では地質の影響や同市築港会社が「微力」だったため、見切り発車で最初の貨物船「鉄山丸《てつざんまる》」を起工したものの、六月の空襲で工場の大部分を焼失した。

昭和一九年一二月の浦賀工場在籍職工数は、戦前の四倍に相当する一万六六一〇人に達した。しかし、浦賀船渠も労働力の多くを朝鮮人や学生らの徴用工に依存せざる得なくなり、また、市内の熟練工が召集されるため、終戦まで造船技術の訓練を受けた者は、職工のなかでもわずか二〇〇〇人にすぎず、「しろうと工員」が多かった。また、女性の労働者は清掃員のみで、工員や事務員はいなかったという（前掲『浦賀船渠六十年史』）。

しかも終戦末期になると、二つあった乾船渠（ドライドック）もほとんど修理されず、軍艦建造だけで精一杯となった。空襲警報による防空壕への移動で、生産能力の低下が危ぶまれたが、「退避時間を取り返へせ」と「かつてみない物凄さ」で生産能率をあげたが、物資不足による作業量の減少は目に見えて明らかとなり、実際の労働時間も戦争末期には急速に減少した（USSBS）。

表24　太平洋戦争中に浦賀船渠で進水した艦船

船舶		艦艇	
船種	隻	艦種	隻
貨物船	8	駆逐艦	6
油槽船	13	海防艦	13
青函連絡船	8	敷設艦	2
他（浚渫船等）	10		

（出典）　浦賀船渠株式会社編『浦賀船渠六十年史』（1957年）より作成.

開戦前より駆逐艦の建造が多かった浦賀船渠であったが、次第にサイズの小さい海防艦の建造ばかりになった。作業自体も次第に「能力が低下し、鋼材もなくなり、ついに手榴弾や飛行機部品を造るという情けない状態」になったという（豊福清民「戦争中の艦船建造」前掲『浦賀船渠六十年史』三五二頁）。

昭和一九年（一九四四）一一月二四日、関東地方はサイパン島から飛び立った爆撃機B29による初の空襲を受けた。この日、三浦半島にもB29一機が飛来し、横須賀市逸見町（現山中町）から葉山町の木古場にかけて三個の爆弾を投下したため、三人が死亡した。山間部への爆撃は本来の目的ではないから、帰路に残った爆弾を投棄するために落とされたものと思われるが、これが横須賀初の空襲犠牲者となった（鈴木千代子「市民が語る横須賀ストーリー　教員生活と山中町空襲」）。

「長門」の帰港、「信濃」の出港

翌二五日、レイテ沖海戦で損傷を受けた戦艦「長門」が、護衛の艦船数隻に守られながら横須賀港へ入港した。「長門」は浸水で前方に傾斜していたが、その三日後の二八日、今度は進水間もない未成艦「信濃」が、入れ替わりで呉へ出港した。第六船渠建設を含め、約九年の歳月をかけて建造された空母「信濃」は、艤装《ぎそう》（船内の装置や設備の取り付け作業）のため、「長門」乗組員に見送られながら、呉へ向けて横須賀を出港したが、出港後わずか一七時間で米軍の魚雷により撃沈された。

市民にも建造を伏せられ、市民も知らぬ間に横須賀を離れ、市民の職工、軍属を多数乗せ、市民の知らぬ間に和歌山県の潮岬《しおのみさき》沖で沈んだ。海軍では、救助された乗組員に対する機密管理を厳格化したため、市民が「信濃」の存在を知ったのは戦後しばらく経ってからだった。なかには建造されたことも知らなかった職工らも少なくなかったという。

満身創痍の「長門」は入港後、応急処置が施されたが、翌二〇年二月一〇日には鎮守府警備艦、四月には第四予備艦に編入された。そして五月三〇日には、小海岸壁に面する左舷を中心に高角砲や連装機関砲が次々と撤去され、基地周辺にも配備された。六月二日に特殊警備艦に編入されると、マストや煙突までもが切断撤去されて艦橋周辺がネットで覆われ、舷側周辺に板を張って地続きとし、甲板上に土盛されて偽装された（『新横須賀市史』別編・軍事）。すでに戦艦「長門」に、往年の連合艦隊旗艦の姿はなかった。

「ペリー上陸記念碑」の破壊！

昭和二〇年（一九四五）二月八日、久里浜に明治三四年（一九〇一）七月に建立されたペリー上陸記念碑（「北米合衆国水師提督伯理上陸紀念碑」）が、地元翼賛壮年団により引き倒された。

実はこれより約三年さかのぼった日米開戦翌日の一二月九日、横須賀市全町内会長緊急会議で、ペリー上陸記念碑の撤去が満場一致で決議されていた。明治三四年七月に久里浜に建立されたこの記念碑は、それまでは横須賀を代表する観光ポイントの一つだった。神奈川新聞社横須賀支局長の宮野庄之助は、開戦前の昭和一六年三月頃から、市長の岡本伝之助に、存在意義の再考を促したうえで記念碑の撤去を横須賀市に陳情していた。市長はこれに同意し、時機が到来したら必ず実行すると表明したが、県立公園内であることを理由に保留されていた。このため開戦直後、久里浜村第二町内会長の酒井衛が改めて全町内会長緊急会議で提案したのであった。

提唱者である宮野は、ペリーの来航は日本に半植民地的待遇を与えた禍根であり、建碑そのものが言語道断の国辱と主張し、日米開戦とは直接関わりがなくとも、一日も早く実現を待望してやまないと主張していた。市内でも「敵国撃滅市民大会」が開催されるなど、記念碑撤去が支配的なムードとなり、年末には喜永館にあった戸田《とだ》伊豆《いず》守氏栄《のかみうじよし》と握手していたペリー像の首が叩き壊される事件も発生した（『神奈川新聞』昭和一六年一二月一一日・二九日）。

これに対し、情報局第一部第一課情報官の近藤新一（中佐、のち軽巡「長良」艦長）は、「本末転倒」「大国民の襟度にあらず」と反対し、記念碑の存続を市長に要望した。このため撤去一転はただちに「中止」となったが、今度は宮野がこれに反駁し、市会へ請願書を提出するも保留されていた。

ところが、記念碑を「親米思想の遺物」と断じた神奈川県知事の藤原孝夫の「声明書」を得て、先に述べたように昭和二〇年二月八日、地元翼賛壮年団によりロープをかけて引き倒された。しかし予定どおりに四散せず、台座の前に倒れ落ちたまま放置された。碑の跡には角榿材の「護国精神振起之碑」が置かれたが、ほどなく終戦となった。

この一件は昭和一三年から始まった統制策のもと、昭和一六年の「一県一紙」を見据えた県内新聞社の覇権争いだったという見方もあるが（山室清『新聞が戦争にのみ込まれる時』）、軍港市民が冷静さを失っていた当時の状況を反映している。

昭和二〇年三月には市長の梅津芳三を隊長、副団長に樋口宅三郎（神奈川新聞社社長）を加えた横須賀市国民義勇隊も編成された。戦況の悪化は、政府や軍上層部に対する不満となるが、横須賀市内では意外にも反戦や反体制運動的な活動は見られなかったという（USSBS）。

戦艦「長門」と横須賀空襲

関東地方に対する米艦上機による空襲は、昭和二〇年（一九四五）二月一七・一八日の両日が最初だった。横須賀の市街地に対する機銃掃射もあり、民間人にも被害が及び、市民二人が死傷した。注目すべきは、米海軍が基地内の「長門」（警備艦）を撃沈できなかったと戦闘報告に記されていたことである。「長門」はすでに「浮き砲台」となり、往年の勇姿を失ってはいたが、真珠湾攻撃当時の連合艦隊の旗艦だった「長門」を、アメリカは終戦まで忘れていなかったのだ。

昭和一九年一一月以降、アメリカ軍は数日おきに撮影用に改良したB29（F13A）を、本土各方面の上空に侵入させて撮影を続け、軍港エリアの艦艇の些細な動きも把握していた。一九年一〇月のレイテ沖海戦で連合艦隊が事実上壊滅すると、一一月二五日、「長門」は第一七駆逐隊（「雪風《ゆきかぜ》」「浜風《はまかぜ》」「磯風《いそかぜ》」）に護衛されながら横須賀へ帰港した。これに前後してF13Aは横須賀上空に飛来しており、「長門」が長期に渡り移動していないことや、傾斜したまま偽装されているなどの情報を仔細につかんでいたのである（前掲「米英海軍による空襲と横須賀」）。

そして日本の敗戦が濃厚と見るや、米海軍は日本に対する「集中攻撃」を開始した。昭和二〇年七月一〇日から終戦当日まで続くこの攻撃は、アメリカ第三艦隊第三八任務部隊と第三七任務部隊（イギリス、七月一七日〜）によるもので、国内の農漁村部や中都市、従来B29が到達できなかった北海道や太平洋沿岸の工業都市に対する空襲、艦砲射撃を実施した。以来、第三艦隊は、補給を受けつつ日本列島の太平洋沿岸を終戦まで遊弋《ゆうよく》（あちこちを航行すること）した。

初日の七月一〇日の目的は関東地方の飛行場と航空機の破壊だったため、横須賀は主として追浜飛行場と第一技術廠が攻撃を受けた。一四〜一五日に東北と北海道を攻撃した第三艦隊は、一八日に再び横須賀を攻撃、この空襲が横須賀最大の空襲となった（図29）。この日の第三艦隊の主目標は横須賀（茂原は小編成）で、メインターゲットは「長門」だった。

米軍の記録には「横須賀攻撃のために第三八・一任務群（Task Group38/TG38.1）の飛行隊を全て動員した」とあり、また、七月一八日の攻撃用出撃機数はのべ五八五機（撮影機

図29　空襲を受け炎上する横須賀基地の泊地区，砲術学校付近（昭和20年7月18日．中央奥の小海には「長門」が，右奥には第六船渠が確認できる）

三四機・気候調査機四機を除く）であったから、米海軍が相当な執念と威信をかけて「長門」を攻撃したことがわかる。基地および基地周辺から「経験したことがないほど激烈」な対空砲火を受けた米軍は、同日、一六機損失（うち二機は千葉県茂原飛行場を空襲）、二一人が戦死（うち二人は千葉県茂原空襲）した。

横須賀市内の建物被害は、そのほとんどがこの七月一八日の空襲によるもので、軍港周辺の汐入や米軍機の帰路周辺には、誤爆や流れ弾、高射砲の破片による火災、盲目的な機銃掃射による被害が相次いだ。使用可能な損壊家屋は九五戸、商業施設は二棟のみだったが、一〇戸の住居は完全に破壊された（USSBS）。

市内では二一人（市警調）、「長門」では乗組員三五人の戦死者が出たという。軍港内では駆逐艦・潜水艦それぞれ一隻、海防艦および小艦艇五隻などの撃沈が確認されているが、米軍が威信をかけて攻撃した「長門」は、二発の直撃弾と一発の至近弾を受けながらも沈没しなかった。以後、横須賀では、米艦載機による散発的な攻撃もあったが、米陸軍航空のB29による戦略爆撃を受けることはなかった。

荒廃する人心

横須賀市内には映画館が数多かった。それは帰港した海軍軍人らが久々の娯楽を求めたからでもあった。戦時中の観劇者数は、昭和一九年（一九四四）よりも終戦前の数か月間の方が増加しており、空襲の影響はなかった。戦争末期には娯楽や仕事も減少したため、映画や観劇が「唯一の気晴らし」となったからである。しかし、映画の観客数は国策映画といった映画の性質もあり、都市疎開が始まって終戦が近づくころには、観客数も急減している。

戦争の長期化と濃厚な敗戦色による経済的精神的ダメージ、そして深刻な食糧不足は犯罪も惹起した。市内国民学校三～六年生の多くは疎開したが、それ以外の十代の子供たちは工廠や工場に動員される者も多く、動員先で喫煙や窃盗などへのさまざまな犯罪に手を染めるケースも少なくなかったという。成長期の子供たちの空腹状態も彼らの犯罪行動を誘発させた。

また、昭和一九年から二〇年の終戦までに、柏木田を含めた市内「遊廓」のパトロンの人数は減少傾向を示しているが、一方で無許可の「売春宿」は三倍以上に急増した（USSBS）。それでもほかの中都市と比較すると犯罪件数自体は少なかったのだが、市民は次第に濃厚となる敗戦色に不安をつのらせ、情緒不安定になっていった。

「軍港市民」のゆくえ

建物疎開や学童疎開（集団・縁故）、その他による横須賀市からの転出（人口流出）は相当数に上った（表25）。米軍に提出した資料であり必ずしも正確ではないが、概数的な転出状況を把握できる。昭和一九年（一九四四）七～八月、二〇年三月に急増しているのは学童疎開に伴う動きであろう。この表によ

表25　月別疎開者数（昭和19年7月～20年7月）

年	月	疎開者数
昭和19年	7	11,200
	8	16,778
	9	2,427
	10	271
	11	1,064
	12	2,218
昭和20年	1	506
	2	729
	3	13,383
	4	5,682
	5	1,597
	6	5,637
	7	6,000
計	—	67,492

（出典）USSBS Morale Division（Pacific）

れば、昭和二〇年七月までに六万七四九二人の市民が横須賀から転出していたことになる。横須賀市が攻撃対象となることが確実であったため、民間人の流入は禁止されていた。流入したのは、すでに見た学徒勤労動員や挺身隊、徴用工など、軍施設労働者であった。

ただ、この状況でも、横須賀市内では反戦運動やサボタージュなどの反体制的活動は、ほかの都市と比較して決して多くはなかったという。

「比較的健康優良」とされた市民の健康状況も悪化した。終戦までの間に出生率は低下し、死亡率が上昇した。ことに昭和二〇年一月から八月までの死亡率は、前年度の二・五倍にまで急増した。海外からと思われる伝染病が多いのも軍港都市の特徴であり、昭和一九年から二〇年にかけては麻疹やジフテリア、赤痢、腸チフス、髄膜炎が流行していた。

しかし、横須賀市内の医師一七〇人中三四人が軍医などに徴用されており、十分な治療も施されなかった。

昭和二〇年三月には、従来一〇日ごとに配給されていた米も、食糧輸送機の故障により一〇日も遅配するようになった。暖房用のほか炊飯燃料としても使われていた練炭の配給も、二〇年三月には一八年の半分になり、夏にはほとんど支給されなくなった。また戦争が深化すると、隣組の組長は女性が担当する場合が多くなった。これは出征や動員による男手の不足によるものだが、町内会長に女性が選出されることはなかった（USSBS）。

このように戦時における軍港市民は、当時の他地域の国民と同様の状況をたどっていたようだ。

敗戦の予感

敗戦をいつ頃意識し始めたかについて、終戦直後にアメリカが横須賀市民に行なった「戦意」調査（表26）で、横須賀市民八八名のうち、一〇名（1）がサイパン島玉砕（昭和一九年七月）と回答したが、二三名（10・11・12）が八月以降ないしは「考えたこともなかった」と答えた。横須賀は「防備が堅固だから米軍も米軍機も入って来られない」と信じ、空襲があっても「海軍があるから」守ってくれる、と疑わなかった（高村聰史「横須賀市民の戦前戦後」）。

確かに横浜や川崎、東京と比較して空襲被害は少なかった。しかし、軍港では特攻兵器

表26 「敗戦を意識したのはいつか」についての
横須賀市民からの回答（昭和20年）

	回　答	該当年月日	回答数
1	サイパン島守備隊玉砕	昭和19年７月７日	10
2	グアム島守備隊玉砕	昭和19年８月10日	2
3	アメリカ軍のレイテ島上陸	昭和19年10月20日	1
4	東京大空襲	昭和20年３月９～10日	8
5	硫黄島守備隊玉砕	昭和20年３月17日	8
6	横浜大空襲	昭和20年５月29日	9
7	沖縄守備隊壊滅	昭和20年６月23日	5
8	横須賀空襲	昭和20年７月18日	6
9	広島長崎への原爆投下	昭和20年８月６・９日	7
10	８月・終戦直前	～昭和20年８月15日	3
11	終戦当日	昭和20年８月15日	5
12	考えたことがなかった	—	15
13	わからない・その他	—	1

（出典） 高村聰史「横須賀市民の戦前戦後—『合衆国戦略爆撃調査団報告USSBS』の尋問記録から」『市史研究横須賀』第９号（2010年）より作成.

の生産がメインとなり、沿岸では本土決戦へ向けての訓練が激しさを増した。

また、敗戦前後に横須賀市長を務めた梅津芳三は、空襲被害が伝えられても、敵を防ぐための十分な戦力があると宣伝されていたため、一般大衆に限定すれば、勝利への自信がぐらついたとは思えなかった、と述べている（『新横須賀市史』資料編・近現代Ⅲ）。横須賀は、米陸軍航空の戦略爆撃の重点対象から外れ、呉や佐世保と比べて空襲被害が少なかったこともあり、敗戦というこの現実を受け入れるには一定の時間を必要としたようだ。

また、前横須賀市長であった久野工（予備海軍主計中将）は、終戦前日に「我国遂ニ敵英米露支ニ和を請ふ」と日記に記すのみで、以降は淡々とした日常が記された（「久野登久子家文書」『新横須賀市史』資料編・近現代Ⅲに掲載）。

当時海軍施設部（久里浜）の小隊長だった藤原隆明さんは、筆者の自宅でこう語った。

僕らのところ（施設部）はね、もう作るものがないの。だからね、毎日棺桶ばっかり作ってた。野比に練習所（「伏龍」）があって、火葬場が近くにあってね。いつも煙が上がってるの。……海軍、もうダメかなってね。（聞き取り）

八月一五日に横須賀鎮守府所属の厚木航空隊事件はあったが、軍港市民は意外なほど静かに現実を受け入れており、暴動などはなかった。

敗戦と軍港の戦後

戦後横須賀の原点

占領下の横須賀と戦後処理

日本の降伏

すでに日本の敗戦が時間の問題となっていた昭和二〇年（一九四五）八月六日、広島に落とされた「新型爆弾」の被害は国民に十分伝わっていなかった。数回に亘り行なわれた御前会議では、海陸軍がポツダム宣言の受諾に躊躇していたが、八日には中立条約を一方的に破棄したソ連の対日宣戦布告があり、九日には二つ目の「新型爆弾」が長崎へ投下されたことから、八月一四日の御前会議で受諾を決定、日本の敗戦が決定した。

このことは翌一五日、天皇の玉音をもって国民に伝えられた。

敗戦の受容と海軍の反乱

ポツダム宣言の受諾と玉音放送をめぐり、帝都周辺ではさまざまな衝突が起きている。帝都防空の要であった神奈川県厚木の第三〇二航空隊では、小園安名《こぞのやすな》（大佐）が、徹底抗戦を主張、戦争継続の激励を各方面に打電し、「国民諸子に告ぐ」としたビラが所属の戦闘機から全国に撒かれた。小園はその後、マラリアに倒れたため、三〇二航空隊幹部が抗戦中止を受け入れ騒ぎは収まったが、国民が敗戦という現実を即座に受け入れることは難しかった。

横須賀上空からもビラは撒かれたが、これに応じた市民らはほとんどいなかったという。ポツダム宣言の受諾についても大きな問題は起きなかった。

連合国軍の占領

連合国軍（アメリカ軍）は、本土上陸作戦（「ダウンフォール作戦」）の具体化に取りかかるかたわら、「日本の突然の崩壊や降伏」に備えた平和的占領作戦（「ブラックリスト作戦」）も検討しており、日本のポツダム宣言受諾を受けて、連合国軍も占領準備を整えていった。

連合国軍最高司令官総司令部（ＧＨＱ）は八月二一日、占領にあたって日本側から代表をマニラに呼び、占領手順を協議した結果、最初の上陸地は厚木、そして横須賀と決定した。厚木は反乱部隊の存在を日本側が警戒してこれを拒んだが、認められなかった。横須賀へは米英海軍、米英海兵隊の上陸が伝えられた。

占領日時は当初八月二五日を予定していたが、台風により陸軍の空輸部隊が影響を受けたため延期。その結果、正式な上陸は三〇日、先遣隊の到着は二八日に厚木と決定した。日本占領作戦については、当初より陸海軍の間で主導権をめぐり対立していたが、マッカーサーが総司令官として指揮を任されて解決したものの、先陣争いは各所で見られた。両軍司令官の日本上陸については、チェスター・ニミッツ元帥の横須賀上陸がマッカーサーより三〇分早かったことも海軍内で話題になった（高村聰史「米英連合国軍の上陸と横須賀」）。

敗戦に混乱する市民

前述のように昭和二〇年（一九四五）八月二一日、初期占領部隊の横須賀軍港、厚木飛行場への上陸が伝えられると、婦女子らの「再疎開」（避難）が始まり、横須賀市内は急速に慌ただしくなった。八里（約三二キロ）以遠へ避難せよとの「言次ぎ」があったらしく、前市長の久野工《ひさのたくみ》は「馬鹿〳〵しいデマだ」と一蹴したが（前掲「久野登久子家文書」）、神奈川県は、県南方面の「人心混乱ぶり」について、事の意外に驚くことになった。県としては、疎開準備が整っているなら老幼婦女は行った方がよい程度の「軽い意味」で町内会長を通じて疎開を勧奨したが、「末端に行くに従ひ飛《（ママ）》んでもない指示」になってしまったという（『朝日新聞』昭和二〇年八月一九日）。

結果的に戦闘行動はなく、ほどなく疎開者は横須賀に戻って来たが、戦後もしばらくの間、疎開先で生活せざるを得ない人もいた（「特集・学童疎開」）。初めての敗戦と占領に、日本人の誰もが戸惑い、混乱したのである。

八月二五日、連合国軍と横須賀市、外務省の連絡機関として、横須賀連絡委員会が設置された。初期占領部隊の横須賀上陸は、マニラでの協議で八月三〇日と決まっていたが、二八日頃にはすでに数隻の上陸用舟艇が横須賀軍港内に侵入したり、相模湾長井町の海岸に小規模なグループが早々に上陸していた。このため横須賀連絡委員会は、市民に過剰な不安は不要と伝えていた。しかし二七日以降、一三三隻に及ぶ第三艦隊が次々と相模湾に入ると、横須賀連絡委員会が進駐軍に対して妨害を加えると判断された者の通行や馬車に対し、連合国軍の飛行機が攻撃を加えることがあるので注意を要する、と伝えたため、基地周辺住民の多くは、家のなかで推移を見守るしかなかった。

占領される軍港

昭和二〇年（一九四五）八月三〇日午前五時過ぎ、米国海兵第六師団第四連隊を中心とする第三一・三任務群（編成単位 TG31.3）が東京湾に進入して、千葉県富津《ふっつ》岬《みさき》海岸の元洲砲台に上陸、英国海兵隊は第一海堡《かいほう》に上陸して、武装解除を進めた。その後、米戦艦「サウスダコタ」の特別分遣隊九八名が、軍港内一番浮標に繋留《けいりゅう》されていた戦艦「長門《ながと》」を接収した（翌年七月に「長門」はビキニ環礁での原

図30　グリーンビーチへ上陸するアメリカ軍
（昭和20年８月30日）

水爆実験の標的艦として最期をとげる）。次いで午前九時には英国海兵隊が第二海堡、猿島《さるしま》を占領。以上の下準備を経て、連合国軍の本格的な上陸が開始された。

上陸部隊の本隊となる米国海兵第六師団第四連隊第三大隊は、午前九時二九分、三〇分にそれぞれ「グリーンビーチ」（海兵団南海岸）と「レッドビーチ」（一技廠東浜）に上陸し、航空隊、飛行場、第一海軍技術廠一帯を占領した（図30）。一方、英国海兵隊は、燃料施設のある吾妻半島・猿島を占領して、それぞれ武装解除を進めた。

そして、午前一〇時一五分に艦隊上陸部隊の司令部が基地内に設置されると、横須賀鎮守府《ちんじゅふ》庁舎前に、星条旗が掲揚された。この旗は、海兵第六師団（前年は第一海兵臨時旅団）がグアム沖縄戦で掲げていた星条旗だった。同第四海兵連隊は七月まで、首里丘陵の安里《あさと》五二高地（米軍名「シュガーローフ」）の戦闘に投入された後、翌年三月に予定されていた米軍の関東地方上陸作戦（「コロネット作戦」）に備え、グアム島で待機していた部隊だった（高村聰史「米英連合国軍の上陸と横須賀」）。

横須賀軍港の終焉

横須賀の上陸部隊が最初に接触した日本人は、白い腕章をした通訳たちであった。彼らは上陸に際して急遽準備された、軍令部・鎮守府直属の技術官や主計官、タイピストなどであったが、それでも足りず市内外から中等学校の英語教員も動員された。しかし、「ひどく疲れきった同情を禁じ得ない」即席通訳たちの英語は、連合国軍にとって「日本語しか知らない人々に直接指示したほうがずっと簡単」だったというほど、通じなかった（『新横須賀市史』資料編・近現代Ⅲ）。

上陸当日、市長の梅津芳三は「この瞬間は見落とすわけにはいかないから、是非私の網膜に映しておくんだ」と言って職員の制止も聞かずに市役所屋上に上り、横須賀沖から上陸ポイントを目指す上陸用舟艇群を眺めた。市長は「これで海軍がなくなるんだと、この場面からなくなるんだ」と強く感じたという（横須賀市編『占領下の横須賀』）。

第三一任務部隊（Task Force31）による初期上陸作戦が終了すると、同任務部隊の旗艦「サンディエゴ」が軍港内に進入、直前まで「長門」が繋留されていた小海岸壁に投錨した。日米開戦の真珠湾攻撃で連合艦隊の旗艦であった「長門」を港外に追い払い、戦勝国アメリカがその場所で基地を受領する、という米国の執念と演出であった。米海軍にとってこの歴史的式典は、絶対にこの場所でなくてはならなかったのだ。

従軍カメラマンや五〇〜六〇名の米英記者団に囲まれるなか、午前一〇時四五分、ターディー・クレメント海兵准将に導かれてやってきた鎮守府司令長官の戸塚道太郎中将とチャールズ・バジャー海軍少将、第三艦隊参謀長のロバート・カーニーとの間で、横須賀軍港（基地）の引渡し（「降伏式」）が行なわれた。この歴史的場面は、グアム島を経由し、ラジオでハワイやアメリカ本土に生中継された。

そしてこの瞬間、幕末の横須賀製鉄所から始まった横須賀と日本海軍の長くて短い歴史は終わった。慶応元年（一八六五）一一月一五日の鍬入《くわい》れから八〇年目の暑い夏だった。

敗戦の街

占領直後から連合国軍による犯罪も多発した。また、上陸からわずか数時間後には、パトロールを装った米海兵隊員による強姦事件が二件も起きている。占領軍によるさまざまな犯罪は、上陸の当日、県内だけでも二〇二件、そのうち一九九件は横須賀市内で発生した。このため性犯罪への対応として九月三日、市内（日の出町）に占領軍専用慰安施設が設置された。

もとは工員宿舎であったが、終戦直前まで磐城女学校など学徒勤労動員の宿舎に利用されていた建物（現三浦行政センター）だった。慰安施設に動員された女性の多くは、安浦の銘酒屋の私娼（約一七〇名）だったという。この施設（「安浦ハウス」）は、一時の閉鎖期間を除き翌年二月まで営業が続けられた。

一方、連合国軍の上陸作業が一段落すると、街へ出てくる兵士らに合わせて「スーベニアショップ」が急増した。兵士らは帰隊に際して日本の「お土産《みやげ》」を求めた。鎮守府前の元町は、建物疎開で空地が増えていたため、道路に面した通りは格好の土産売り場となり、現在の「どぶ板通り」の原型が作り出された。

市内の食糧事情も逼迫しており、一〇月一五日に横須賀海軍工廠《こうしょう》が解体され、海軍共済物資部の機能が食糧営団に接収されたことで、配給事情はいっそう深刻化した。市内ではヤミ取引きが活発化し、主要食糧の取締りが厳しくなされ、イモなどの摘発は県内で横須賀が最も多かった。しかし、三浦半島特産の「三浦大根」の出荷は好評で、横須賀はもちろん、横浜や川崎などで販売されていたようで県内の一定の需要を満たしていた（『新横須賀市史』通史編・近現代）。

海軍なき「新しい」横須賀へ

昭和二〇年（一九四五）八月一五日の玉音放送直後から、勤労動員学生や女子挺身隊、女工ら婦女子勤務職員らの解員は始まり、本土決戦に向けての訓練や特攻兵器の製作を継続していた海軍兵士や軍属らも、二三日頃までにその多くが解員を開始した。これに伴い、御用商人らも次々と横須賀を離れ、終戦直前までに三〇万人以上に膨らんでいた横須賀市の人口は、終戦直後の九月には二〇万三六七一人と、一気に一〇万人近く減少した。鳴り響いていた海軍工廠の「音」、演習に向かう軍靴の「音」は途絶え、軍港から人影が消え、活気は失われた。もともと産業らしい産業もないまま、ほとんどすべてを海軍に依存してきた横須賀市は、海軍という存立基盤を喪失した。まさにこの時、〈軍港都市〉は死んだのである。

八月三〇日、市役所望楼から海軍の消滅を目撃した市長の梅津芳三は、今度は海軍なき旧軍港都市の新たな未来を模索しなければならなかった。

「横須賀市更生対策要項」

横須賀市存亡の危機に直面し、再建を掲げた梅津市長が打ち出した策は、旧軍施設の再利用と横須賀市更生委員会の立ち上げだった。

海軍が去ったのちの横須賀に残されたもの、それは旧海軍の巨大な造船施設と市内の広大な軍用地だった。これらは占領と同時に連合国軍の管理下に置かれたが、返還後、これら旧軍施設と旧軍用地をいかに活用できるかが、復興に向けて唯一の選択肢と考えた。

敗戦後、政府も旧軍施設の行く末を注視しており、昭和二〇年（一九四五）一〇月一〇日には、横須賀市と大和市（厚木飛行場・高座海軍工廠）に調査と転用計画の提出を要請している。さらに運輸省港湾局は、横須賀に造船修繕と商工工場地区、空港地区などに分けて軍施設を利用した再生方針を示し、横須賀を除く軍港には商港化構想を示した。これを受けて横須賀市はその年一二月に市内の施設を調査し、「横須賀市更生対策要項」を作成、「平和産業都市」建設に向けて具体的な検討を始めた。

比較的空襲被害が少なかった横須賀市には、海陸軍施設がほぼそのまま残されていた。このため、市はこれらの旧軍施設を市は「無限ノ光明」「天来ノ福音」を与えるものと捉え、工業、商業、港湾、観光施設、学園、住宅地帯への転用など、具体的な横須賀市更生の根本方針を打ち出した（『新横須賀市史』資料編・近現代Ⅲ）。

これは単に旧軍施設の再利用にとどまらず、動もすると失意に沈んでしまう市民に「自奮自励」を促し、旧軍港都市時代の補償を国に促す狙いがあった。

復員引揚港として

横須賀が次にせねばならなかったこと、それは外地へ派遣した兵士の帰郷（復員者）と、外地や占領地に移住していた民間人の帰国（引揚者）の受入れであった。陸軍は敗戦直後から復員計画を打ち出していたが、大陸からの輸送手段がなく、燃料が枯渇した海軍もまた同様であった。

ところが、米国が太平洋諸島の占領地から日本兵捕虜や傷病兵を次々と輸送し始めたため、昭和二〇年（一九四五）九月末に急遽、空襲被害がほとんどなかった浦賀港（久里浜）が受入れ港に指定された。横須賀軍港は占領中であり、浦賀港で太平洋方面からの復員・引揚の受入れが始められると、一一月二四日には久里浜《くりはま》に浦賀引揚援護局が設置された。地区住民らの戸惑いもあったが、昭和二二年五月に同局が閉鎖されるまで、旧軍施設を利用した受入れ業務が続けられた（厚生省編『引揚援護の記録』）。しかしこの引揚業務は、戦後の横須賀に大きな影を落とすことになる。

コレラ騒動

復員・引揚は米軍の支援を受けつつ進められたが、中国共産党の動きを警戒した米政府の対中国政策が変更されると、昭和二一年（一九四六）一月以降は、「リバティー」船LST（戦車揚陸艦）など総計二〇〇隻が日本に貸与され、早期完了が図られた。その結果、輸送量自体は確実に増大したが、大量に移送される復員者・引揚者への対応が医療従事者や施設の不足で限界に達し、広東《カントン》からの輸送船内でコレラが発生した（横尾道秀著・肝七八二九会編『肝兵団戦記』）。

昭和二一年四月五日にコレラ発生の一報を受けると、GHQは全乗員に対する検疫と一か月の上陸禁止を命じた。すると検疫業務は大渋滞を引き起こし、コレラ患者を乗せて次々と到着する輸送艦で、たちまち浦賀沖が埋め尽くされ、浦賀町のみならず、東京湾域一帯の住民を恐怖に陥れることになった。

報道も過熱し、コレラ患者を乗せた復員船を「コレラ船」、渦中の浦賀町周辺を「コレラ都市」と呼び、海上に「人口八万人の〝衛生都市〟」出現と報じた。連絡や食糧、飲料水も断たれた船内は「地獄の観」を呈し、陸上でも患者が収容される久里浜病院（海軍病院）と検疫所付近の交通は遮断された。浦賀町と久里浜村の住民には予防接種実施が伝えられたほか、患者の糞尿を廃棄した東京湾での漁獲停止の可能性まで報じられ、海水使用も禁じられた（『読売報知新聞』昭和二一年四月一〇日・二六日）。

コレラ騒動は、厚生省援護局内での指揮系統の改正と、赤十字や医学生、医療関係者の大動員により、比較的早いペースで収束に向かった。しかし、水際では何とか食い止めたものの、母国を目前に三九八人の軍人軍属・民間人が命を落とした。遺体は旧対潜学校の敷地内（現横須賀少年院）で荼毘《たび》に付され、その跡に慰霊碑が建立された（浦賀地域文化振興懇話会編『浦賀港引揚船関連写真資料集』）。

「引揚検疫史上の最大の問題」となったコレラ騒動は、戦後の旧軍批判の煽りを受けて、横須賀非難のための格好の材料をマスコミに提供することになった。「平和産業都市」への転換を掲げた横須賀市であったにもかかわらず、「芳しくない汚い都市横須賀」と野次《やじ》られ、「平和産業都市」を造る前に「〃衛生都市〃を作れ」と痛烈に皮肉られた。

確かに各国の艦船が頻繁に寄港する横須賀は、明治以降には比較的伝染病が多かった。しかし、一連のコレラ騒動とその報道は、「軍港都市から単なる一地方都市に堕落した横須賀市」が、再起を賭した「平和産業都市計画」の出鼻を挫く大事件であった（『神奈川新聞』昭和二一年一月一九日・五月二六日）（高村聰史「在外邦人の帰還輸送とコレラ」栗田尚弥編『地域と占領』）。

浦賀船渠の再出発

戦時中浦賀船渠《せんきょ》では、空襲対策として従業員用に一万三〇〇〇人収容可能な防空壕を建設し、一部の機械を壕内に移設したが、幸いにもほとんど空襲を受けずに終戦を迎えた。比較的大きな民間造船所で被害が僅少だったのは、この浦賀船渠浦賀工場と播磨造船所松浦工場のみであり、このため浦賀船渠はGHQの管理下で造船再開に全力を注ぐことができた。

昭和二〇年（一九四五）一一月には「持株会社の解体に関する覚書」に従って、堀悌吉《ほりていきち》（取締役）、砂川兼雄（所長）ら旧海軍関係者が次々と辞任、新たに甘泉豊郎が、常務取締役に二五年には多賀寛が取締役社長にそれぞれ就任した。浦賀船渠は、GHQによる財閥解体で、大株主である山下汽船との関係から制限会社になり、昭和二一年八月には、会社経理応急措置法によって特別経理会社に指定され、二三年二月には、過度経済力集中排除法の指定を受けた。しかし、早々に指定の取消、解除がなされている。

また、昭和二一年九月二日には戦争の賠償支払いのために機械設備を撤去させられる賠償工場に指定されたが、川間工場のみが対象で、その川間工場も昭和二七年四月には解除された（浦賀船渠株式会社編『浦賀船渠六十年史』）。これにより浦賀船渠は、戦後も産業らしい産業のない横須賀市復興の柱の一つになっていったのである。

別れる逗子、残る浦賀

昭和二三年（一九四八）七月の改正地方自治法成立は、戦前の「大横須賀」計画で「不合理な合併」を強いられたと考える町村の有力者たちに、横須賀市からの分離を後押しすることとなった。逗子町と浦賀町のことである。

有志らにより昭和二四年に逗子独立期成同盟会が結成されると、昭和二五年三月一九日に行なわれた住民投票で分離賛成が過半数を占め、神奈川県議会で分離が承認された（同年七月独立）。

横須賀市からの独立の動きは、同時期に合併した浦賀町でも起きた。ところが、横須賀市との連携を不可欠とする浦賀町の浦賀船渠株式会社側と地域住民がこれに反対し、離反対の結成式を開催するなど、分離を強行した逗子町と対称的な展開となった。

市長らの斡旋で浦賀町は独立を取り下げたが、米軍に六基すべての船渠を占領されたままの横須賀市にとって、浦賀船渠会社の保有する二基の船渠は、「平和産業都市」建設の重大な要《かなめ》だった。

逗子分離をめぐり、独立後も横須賀側が合併時代の費用を請求するなど、泥仕合の様相を呈した。軍港なき旧軍港都市の維持再生へ向け、横須賀市がいかに苦悩していたかがうかがえよう。

揺れ動く「三笠」

戦前、記念艦「三笠《みかさ》」はある意味で「聖域」であった。金属不足の戦争末期でも、巨大な鉄の塊である「三笠」には、いっさい手が付けられなかった。ところが、敗戦を機に状況は一変した。連合国軍が横須賀を占領すると、彼らが艦内の貴重な展示品を「お土産」として盗み出し、日本人もそれに次いだ。戦時はアメリカ太平洋艦隊司令長官兼太平洋戦域最高司令官に就いていたチェスター・ニミッツ（提督）が横須賀に上陸し、この状況を見兼ねて歩哨《ほしょう》（監視）を立てたが、あとの祭りだった。

戦後、記念艦「三笠」の扱いをめぐっては、肯定的立場の米国と、バルチック艦隊の敵討ちとばかりに強硬に解体を主張するソ連との間で意見が対立した。しかし米国は「三笠」のマスト、煙突、艦橋を撤去させることでソ連の主張をかわした。艦を博物館に転用し、周辺を公園化して横須賀の観光復興を企図する湘南振興株式会社の要望もあり、横須賀市はこの会社に撤去とその後の経営を許可した。

昭和二三年（一九四八）三月に撤去作業を終了すると会社は周辺整備に着手し、二四年四月に「三笠園」として開園した。園に対する関心も高く、一年間で約一七万人の入場者を数えた。このため湘南振興株式会社は増資して第二期工事を開始、上甲板に水族館、宿

図31　娯楽施設に変貌したあと荒廃した記念艦「三笠」(円型の建物が水族館．カマボコ型の建物が宿泊施設．記念艦「三笠」提供)

泊施設を進めた結果、かつての「三笠」は見る影もなくなり、艦艇であることすら判明できないほど変貌した（図31）。

「三笠園」の人気も長くは続かなかった。水族館も中途半端な施設となり、対岸の猿島とのセット経営も赤字に転じた。湘南振興株式会社は苦肉の策で宿泊施設を貸ホールに改造し、ダンスパーティー会場にしたところ、入場者は増えたが風紀が乱れ、進駐軍専用のダンスホール（「臨海ナイトクラブ」）と化して、一般客は遠ざかっていった。その後、湘南振興株式会社が保存していたはずの「三笠」上甲板の撤去部材が高額で処分されていたことも判明し、市民の批判が高まるなか、この会社は昭和三〇年に経営から撤退した。

すでに異様な構造物となった「三笠」にいたたまれなくなった横須賀在住の中村《なかむら》虎猪《とらい》（元大佐）が中

心となって、昭和三三年四月、三笠保存準備会が発足し、博物館としての開艦に向けて動き出したのだった（昭和三六年開艦）。

海軍軍縮よりも、はるかに重大な海軍の消滅という事態に直面した横須賀は、今度は占領という初めての経験と新しい価値観のなかで、再び翻弄されていくのである。

〈軍港都市〉への逆コース——米軍基地への道

労務提供と基地労働者

終戦直後に話を戻そう。日本が昭和二〇年（一九四五）八月一四日に受諾したポツダム宣言は、九月二日の調印により即時発効となった。この履行義務に基づいて日本側は、残務整理や「占領軍指揮官により指示される量、訓練及び熟練度の労務を指示させた期日及び場所で提供」しなくてはならなかった。これがいわゆる「労務提供」である。労務提供の内容はベビーシッターや通訳、レストラン店員、運転手、基地清掃から、専門的な知識・経験・技術を要する職種など、占領軍軍人の占領生活から業務に至るまで多種多様で、一般市民も募集対象だった。また、占領直前に連合国軍側から一五〇～二〇〇名程度の士官・下士官など、操業可能な最低限の人員の待機も命じられており、彼らも含めて「労務提供者」ということになる。彼らの多くは、のちに「基地労働者」として組織される。

連合国軍側の労務要請には募集人員に毎日ノルマが課せられており、一部隊ごとに二〇〇～三〇〇人、多い時で一日五〇〇〇人を超えた（全駐留軍労働組合編『全駐留軍労働組合運動史』第一巻）。横須賀の場合、敗戦後も市内に多くの旧工員らが居住していたこともあり、供給率は高かったが、それも数日のみで次第に低下した。

当時、横須賀市内では六四七九名の失業者、三浦半島全体では二万五〇〇〇名を超える「徒食者《としょくしゃ》」（働かずに暮らしている者）がいたにもかかわらず、比較的高賃金な労務提供に応じる者は少なかった。これは軍人恩給の蓄えがあったことと、労務提供に労災保障がなかったこと、そして何より、敵国に従属するという屈辱的な感情がその理由だった。

しかし、次第に食糧不足という耐え難い現実に直面すると、「お金のため」「生活のため」と、不本意ながら労務提供に応じざるを得なくなった例は少なくなかった。

SRF（米海軍艦船修理廠）へ

米軍は上陸直後にバジャー少将を初代基地司令官に任命した。ここでいう「基地」とは、現在の米軍基地のようなスタンスではなく、あくまで占領のための一時的な拠点（ベース）と理解すべきであろう。横須賀は空襲被害が比較的小規模であったため、戦後〈米国が基地にするために横須賀を空襲しなかった〉という「都市伝説」が生まれたが、基地内も破壊目標だった（高村聰史

「米英海軍による空襲と横須賀」)。

　昭和二一年（一九四六）に入ると、労務提供は新たな段階に入った。まず、労務提供集団のうち、旧機関学校出身将兵らが幹部となって組織した技術集団である「山王グループ」（職工宿舎のあった山王町が由来。会長は機関大佐だった大井一雄）から、「ドック・クレーン班」の三〇名が、米海軍のパブリックワークス（施設部）に組み込まれた。この班は七月に「Y—1グループ」と改称して、基地司令部の前身となる「キャプテン・オブ・ザ・ヤード」に配属、米海軍の一機関となった。

　さらに翌八月、米海軍は元日本海軍関係者に、元造船士官の斡旋を依頼、これに対して横須賀工廠造機部部長、海軍艦政本部長であった渋谷隆太郎（元中将、海軍機関学校一八期）は、元技術大佐牧野茂を通じて、同じく元技術大佐の梶原正夫（シンガポールのセレター海軍工廠第一〇一海軍工作部造船課長）を紹介した。梶原は帝国大学卒業後、最初に赴任したのが横須賀海軍工廠だった。彼は昭和二一年に復員し、造船の仕事で塩釜に赴任していたところを呼び寄せられたのである。米軍が彼に託した仕事は、旧海軍施設（造機部）の一部を利用した、艦艇修理工場の建設だった。

　しかし、米海軍は梶原に対して具体的な指示も積極的な協力もせず、梱包済機械類の賠償を一部解除しただけだった。これが当時の米軍のスタンスだったのである。梶原は、各部門の幹部クラス集めに手弁当で国内を奔走し、小山正宣（元呉工廠造機部長・技術大佐）、伴玉雄（元技術中佐）、寺田重義（元技術中佐）といった主として技術系士官、技師らを説得、横須賀市内にそのまま居住していた元技手・工手といった人びとも多数集めた。そして、労働管理局を通じた一般求人により、二二年四月頃までに工員数は四五〇〜七〇〇名までに達した。

こうして、のちに合流する山王グループとともに四月二八日、ＳＲＦ（Ships Repair Facilities、米海軍艦船修理廠）が開廠した。新聞報道もない静かな開廠式だった（横須賀米海軍艦船修理廠『錨（祝ＳＲＦ二十五周年）』第一三七号）。

ＳＲＦの規模は次第に拡張されたが、昭和四〇年段階でも施設面積は旧工廠の四分の一、従業員数は最大二万人の八分の一にすぎず、旧横須賀海軍工廠時代には全く及ばなかった。そもそもＳＲＦは艦船の修理能力を有するのみで、横須賀製鉄所以来の誇るべき造船能力を保有できなかったのだ。（高村聰史「占領軍への労務提供と米海軍艦船修理廠（ＳＲＦ）」）。

ＳＲＦと横須賀市

留意すべきは、ＳＲＦやそれ以外の労務提供者たちの多くが、米軍による占領が長期に及ぶとは考えてもいなかったことである。敗戦に伴う一時的な占領にすぎず、占領政策が終了すれば基地は返還され、新たに「平和産業都市」となった横須賀で、再び再就職、生活できるものと信じて疑わなかった。「横須賀市更生対策要項」は、基地の全面返還を前提に起案されていたからである。

しかし、ＳＲＦの開廠で、旧海軍基地の全面返還は遠ざかった。当時、横須賀以外の旧軍港では、民間への一部返還と造船機能の再開が進んでいた。呉では昭和二一年四月一日に播磨造船所呉船渠が、佐世保では一〇月一日に佐世保船舶工業株式会社（ＳＳＫ、のちの佐世保重工業）が開業し、いずれも旧海軍工廠時代からの技術が活かされ新しい時代を迎えていた。それどころかすべての船渠が米軍に占領されたままだったのは、横須賀だけだった。

ところが横須賀市議会では、ＳＲＦの開廠に否定的な議論はされていない。むしろ新たな就労機会が得られたことで、市内の失業者問題解決に大きく貢献したと評価するほどだった。反対の声はあろうが、むろん反対できる立場になかった。

ただ、占領軍（米軍）と横須賀市民とのこうした違和感をうやむやにするほど、戦後の横須賀に絶大な影響を与えた人物がこれから登場する。

デッカー司令官登場　昭和二一年（一九四六）四月、「米海軍基地」に第四代目となる新司令官として、アメリカ海軍のウェーバー・デッカー（大佐）が就任した。デッカーは、海軍兵学校卒業後、駆逐艦で副艦長・艦長などを歴任したが、九年間は並行して下士官の指導にあたり、戦後は復員輸送作戦（「マジックカーペット作戦」）

の司令部に所属していた。どちらかといえば戦歴華々しい軍人というよりは地味な事務畑が長く、任命を受けるまでは、シアトル港に繋留されていた廃艦直前の旧式戦艦「メリーランド」「コロラド」「ウエストバージニア」三隻の司令官にすぎなかった（ベントン・W・デッカーほか『黒船の再来』）。

このデッカーが横須賀基地司令官に就任することになった人事については、マッカーサーとフリーメイソン（一八世紀にイギリスで組織された国際的な友愛団体）との関わりが指摘されているが、詳細は不明である。ただのちになって彼が語るように、「横須賀行きこそが私の存在を正当化してくれる絶好の機会」であり、「横須賀での任務が私の海軍奉職履歴のなかで最も充実した時期」としており、アメリカの占領下にある横須賀での生活は、彼にとって快適極まりないものだったことは確かである。

デッカーの「民主化」

「デッカー司令官」「デッカー大佐」と言えば、当時の横須賀市民に知らない者はいないほど人気が高く、現在でも同時代を経験した世代を中心に高く評価されている。

彼は軍港周辺を覆い尽くしていた例のコンクリート塀を撤去させ、「新生横須賀婦人会」の支援、一部の旧軍施設を開放して民間企業の誘致を支援、婦人警官を誕生させたほか、旧海軍下士官のための海仁会病院の施設を開放し、聖ヨゼフ病院とするなど、市民に寄り添う姿勢は、これまでの基地司令官には見られなかった。

とりわけ、食糧不足で空腹に喘ぐ横須賀市民に食糧を提供したことは、食糧不足に苦しむ市民に強力な好印象を与えた。米軍基地関係者の「残飯」配布がそれであり、「残飯」は文字どおりあらゆるものが混ぜられた占領軍将兵の食べ残しであった。これを「規格外食糧」と名づけ、新生横須賀婦人会を通じて市民に配給させた。反応はさまざまであったが、この残飯が飢えた市民の心の支えとなったことは確かである。

このように矢継ぎ早に打ち出された「民主的」な指令というより、直接的な救命支援が、敗戦で失意のなかにあった横須賀市民には「新しい横須賀」を感じさせる指導者に映った。戦後の市民はこれを「民主化」と感じたのだろう。デッカーの言動を素直に受け入れた。以下はデッカーが設立支援した新生横須賀婦人会を通じて彼に送られた市民の手紙である。

……私たちはあなたがくださった食糧に大変感謝しています。……進駐軍の親切で紳士的な行動には尊敬と称賛の念を禁じえません。なぜ日本は、こんな親切な人々と戦わなければならなかったのでしょうか？　とても理解できるものではありません。私たちは貴国に対して犯した罪を心からおわびします（前掲『黒船の再来』）。

「デッカー王国」

デッカーは横須賀基地司令官という立場を越えて、横須賀市政にさまざまな指示を行なった。前述の食糧や婦人会のことはもちろん、学校の修理、歩道の新設、下水道の工事、また財源についても酒類販売、キャバレーや娯楽場の許可税導入、闇市の罰金など、これを受けて横須賀市が動くという点では、やはり「間接統治」になるのだろうか。

彼の指令は「キリスト教民主主義」に貫かれていることが特徴で、市内の横須賀学院、栄光中学校、青山学院横須賀分校、清泉女学院といった旧軍施設を利用したミッションスクールの新設や誘致、孤児救済活動、前述の聖ヨゼフ病院などの社会福祉施設の新設にも示されている。ほかに市内の各イベントに参加するなど、基地と地域住民との友好関係の構築に力を入れた。

ただ実際に市当局との折衝を担当したのは、デッカーの要請で昭和二一年（一九四六）八月に軍政官に就任したウォーレンス・ヒギンス（中佐）だった。彼は自らを基地の「代表」と称し、「（デッカーは基地司令官として）日本人個々の誰にも司令官と直接話をすることは許されていない」として市長や市議らとの定例会議を彼の軍政官室で行なった。

このように占領期の横須賀は、米海軍の言わば「特区」であり、〈ミニ・マッカーサー〉とも言うべきデッカーの「王国」が存在していたのである。彼による急激な「民主化」は、海軍なき横須賀の更生対策を講じていた横須賀市長梅津芳三の排斥運動を引き起こすほどであり、ほかの軍港都市には見られない戦後横須賀の特殊性を示している。

昭和二四年にデッカーは任期終了となったが、市民は任期延長運動を行ない、市議会でも延期要求が決議された。この年の一一月には、デッカーの昇進（少将）と感謝を込めて市役所前公園内にデッカーの胸像が設置され、翌二五年六月末日にデッカーは横須賀を去る。一方、デッカーの片腕だったヒギンスは、その後も横須賀に在住、地域交流、日米交流に業績を残している（『新横須賀市史』通史編・近現代）。

「横須賀を基地に」

日本の占領が一段落すると、米軍の関心は東西分裂の様相を呈する欧州に向けられていたが、欧州方面の視察を終えた米統合参謀本部は昭和二五年（一九五〇）一月、太平洋方面の統合指揮視察のために日本を訪問、二月二日には横須賀を視察した。その時、接待役に回ったのが、当時の基地司令官デッカーであった。そこで彼は「横須賀基地の確保」を米軍首脳に提案、強調した（『朝日新聞』昭和二五年二月三日）。デッカーの言う「潜在価値の高い施設の生の情報」とは、横須賀についての次の四つの利点である。

(一)　日本駐在の米陸軍への補給基地として不可欠であること。

(二)　戦時の主力艦艇修理能力を有するハワイ以西唯一の米軍基地となること。

(三)　現在のドック施設で、大空母および船台を含むあらゆる型の艦船が停泊可能であること。

（四）大西洋海域で横須賀以上の新たな基地を得るためには、六億ドルの工費が必要（経済的利点）であること。

デッカーは、今次戦争で西太平洋方面に「完璧な」基地が必要であることを痛感していたという。戦後、米軍には上海《シャンハイ》とフィリピンに米海軍の拠点を設置する構想があったが、いずれも頓挫したため日本（横須賀）の重要性が増したということなのだろう。

また、デッカーは旧横須賀海軍工廠の第六船渠に触れ、戦時世界最大の空母「信濃《しなの》」を建造したことを付言した。このことは極東戦略上、大型空母の維持にきわめて有効であり、特に海軍作戦部長のフォレスト・シャーマンは「最も重要なこと」と喜んだという（前掲『黒船の再来』）。

「可愛」い横須賀市民

デッカーが米軍首脳に提案した「横須賀基地の確保」は、彼の就任当初からの持論だった。横須賀基地司令官時代の四年間は、この実現のためにあったといっても過言ではない。当時、横須賀が米軍基地となるか否かについては、日本国内でも大きな関心事になっていた。このため同日、つまり昭和二五年（一九五〇）二月二日に行なわれた記者会見において、シャーマンは、「いまは何もいえない」としながらも、「横須賀は非常によい、役立つ軍港だ」と答えている（『朝日新聞』昭和二五年二月三日）。

米軍の旧横須賀基地の保有については、占領当初からきわめて曖昧なまま推移した。SRFの設置は、結果としては基地化への第一歩と言えそうだが、当時の米軍は占領した横須賀軍基地をいかにすべきか、具体的な計画は存在していなかった。このため米国としても、占領直後に自国海軍の艦船修理工場を新たに設置することには一定の躊躇《ちゅうちょ》があった。だからこその消極姿勢だったのだ。

ところが、アメリカの占領政策の転換の契機となった昭和二三年一〇月、横須賀基地を含む国内の基地について、「現在享受している便益を講和条約後できる限り多く維持するに好ましいように形成するべき」(Recommendations with Respect to U.S.Policy toward Japan(NSC13/2)(1948/10/7)、および細谷千博ほか編『日米関係資料集』)と明文化していたから、アメリカが基地確保へ向けて動き出していたことは明らかである。

横須賀軍港の基地化は国家の安全保障に関わる問題であるから、もちろんデッカーの主張だけで簡単に決まるわけではない。しかし、四年以上に亘り横須賀市民の絶大なる信頼を得てきた基地司令官デッカーの提言はあまりに重い。この場にデッカーを信じてきた市民の声も存在せず、しかもデッカーはあたかも横須賀市民がそれを望んでいるかのように信じていたからである。

市民との友好関係の構築は、米軍基地への土台作りにすぎなかったのか。このことに市民が疑う間もなく、六月二五日には朝鮮戦争が勃発した。

市民の意向を無視したデッカーの提言は強い後押しとなり、朝鮮戦争と、翌昭和二六年九月八日のサンフランシスコ講和条約締結、および同日の日米安全保障条約締結に至る過程で、米軍側に基地保有の正当性を持たせていくことになったのである。

朝鮮戦争と「復活」する横須賀——基地化への道

旧軍港市転換法

終戦直後、横須賀ではすべての軍施設が占領軍に接収されたが、占領政策上、不要とされた施設は、一部を除いて徐々に解除された。これにより、横須賀市が旧軍施設を利用した「平和産業都市」へと向かう道は着実に前進し、昭和二四年（一九四九）九月には四二社が横須賀に進出していた。

一方、日本政府は軍施設（国有財産）の民間払下げによる収入を目論んだが、利用者の多くは資金難を理由に払下げを望まず、日之出海運、日本和紡、清泉女学院の三社以外は、すべて「一時使用」のままであった（『神奈川新聞』昭和二四年九月三〇日）。

このことは復興を目指す〈軍港都市〉にとって本意ではない。昭和二四年一〇月以降、同じ苦難の戦後を歩む横須賀、呉《くれ》、佐世保、舞鶴《まいづる》の旧軍港四市が、旧軍用財産の特別措置を要望してその法制化を目指し、結束を強めた（細川竹雄『軍転法の生まれる迄』）。

四市の市長、四市選出の国会議員らが協議を重ね、同年一一月二八日に立案した「旧軍港市転換に関する立法請願書」は、軍港四市は「存立の基礎を海軍に依存した純然たる軍都」であり、「専ら戦争目的のみに供用せられてきた」都市であったと認めつつ、戦争放棄の国是に従い、すみやかに「平和産業都市」、港湾都市に転換しなくては地元産業の振興など考えられないと主張した。

昭和二五年三月一六日に横須賀市役所前広場で開催された市民大会を経て、旧軍港市転換法（軍転法）案は国会両院で可決（参議院四月七日、衆議院四月一一日）、その後に特別法として各市で住民投票が行なわれ、成立した。横須賀市では九一％という高い支持を得た。こうして六月二八日に公布、即日施行された。

共産党は軍事基地を促進する法律だとして反対したが、米軍に旧軍港や市域の一部を占領されながらも、新しい「平和産業都市」としての道を開いた点で重要な意義があった。

朝鮮戦争の衝撃

旧海軍依存から脱却し、新たな「平和産業都市」に向けて大きな一歩を踏み出した昭和二五年（一九五〇）六月、旧軍港四市の運命を左右する事件が二つ、ほぼ同時期に起こった。前述の旧軍港市転換法の施行（二八日）と朝鮮戦争（二五日）である。

朝鮮半島は、日本の植民地支配解放後、アメリカとソ連を軸とする東西冷戦下、北緯三八度線で南北に分断され、一九四八年（昭和二三）には、北に朝鮮民主主義人民共和国（北朝鮮）が、南に大韓民国が成立し、対立していた。北朝鮮軍が三八度線を突破した日の翌日（二六日）には、横須賀を去っていくデッカーと後任司令官の交代歓送迎会が、予定どおり横須賀市中央公園で開催された。市民の大送迎を受けながら、デッカーが横須賀を去る頃、半島ではソウルが陥落（二八日）、マッカーサーは東京から戦線を指揮した。

当時、日本国内に米極東陸軍の第八軍（四個師団）が駐留していたが、米極東海軍は横須賀と佐世保に六〇〇〇名の兵員、第九〇任務部隊と掃海を担当する第九六任務部隊の艦船だけであり、同年二月に復活したばかりの小規模な第七艦隊はフィリピンにあったから、占領初期の半分にも満たない兵力にすぎなかった（『新横須賀市史』別編・軍事）。デッカーのあとを継いだ第五代横須賀基地司令官ハーバート・H・マックリーン（少将）は着任早々、戦時基地司令官として重要な責務を負うことになったのである。

再接収開始と横須賀市民

一九五〇年（昭和二五）七月八日、動乱が起きてから一三日後、マッカーサーはアメリカ大統領ハリー・S・トルーマンから、連合国軍最高指令官のまま、朝鮮派遣国連軍の最高司令官に任命された。マッカーサーが指揮する国連軍には、イギリス・フランスなど一六か国が参加してはいたが、ほとんど米軍で構成されていた。日本は占領下にあり、国連軍への参加はなかったが、七月一五日には、GHQの本拠地の東京に国連軍司令部が設置され、佐世保は兵站・前線基地となった。

朝鮮戦争の勃発によって、すでに開廠していたものの、仕事らしい仕事がなかったSRF（Ships Repair Facilities、米海軍艦船修理廠）にも繁忙期が訪れた。できるだけ多くの人をすみやかに雇用することが求められ、求人状態が続き、在籍四〇〇〇人を越えるまで急増した。戦時だけに米軍士官らは拳銃を所持して作業監督にあたり、超過勤務は至上命令となり、連日一二時間勤務が続いた。

SRFを利用する軍艦は米国ばかりではない、フィリピン、タイ、台湾、コロンビア、オーストラリアなどの軍艦が次々と入港した。従業員も懸命に働いたが、労使間に何らの問題も発生しなかったという（梶原正夫「SRF創業理念とその運営」横須賀米海軍艦船修理廠『錨（祝SRF二十五周年）』第一三七号）。

その一方で、昭和二六年初頭に占領軍が東京湾に設置した防潜網により、湾内航路が狭められ、回復しつつあった海運や、東京湾の沿岸漁業にも打撃を与えることになった。五年ぶりに灯火管制が敷かれ、同年三月には、これまた五年ぶりの空襲警報のサイレンが市内に響き渡った。

昭和二六年九月には、ついに米軍による再接収が始まった。すでに二二社が経営を開始していた追浜《おっぱま》地区の広大な旧飛行場跡（占領軍が一時飛行場として利用）と工場が対象となった（図32）。昭和二七年七月には、第一技術廠跡地に米陸軍第五兵器廠が設置されるため、営業中の日本和紡製品株式会社、岡村製作所など一七業者が一気に接収された（追浜工業会30周年記念誌編集委員会編『追浜工業会30年の歩み』）。

図32　旧追浜飛行場に並ぶアメリカ軍軍用トラック

この状況で廃業する工場も多かったが、米陸軍第五兵器廠は被接収工場の従業員を優先的に再就職させた。また、昭和二二年秋に米軍の自動車の解体修理を引き受けて始まった富士自動車は、朝鮮戦争による修理台数の急増とともに雇用者は増大し、最盛期九〇〇〇人を抱える大工場となった。二九年には日本飛行機株式会社が同地に進出、市内外から数万人に達する労働者を雇用したため、一帯は

「東洋のデトロイト」と称されるほど巨大な軍事工場地帯と化した。

荒れる横須賀

朝鮮戦争は、消沈した横須賀の経済を急速に回復させたが、一方で占領以来続いていた治安や風紀問題がいっそう深刻化した。米兵による暴力事件が多発し、七〇〇〇人とも言われる「ヤミの女」（基地の女・夜の女）がEMクラブ（旧海軍下士官兵集会所）を中心に全市に溢れた。かつての海軍指定下宿は、生活の糧に米兵相手の街娼に貸す「パンパンハウス」に転業するものも少なくなかった。MP（米軍憲兵隊）も「オフリミット」（立入禁止）の貼紙を掲げ対処したが、一般住宅内に「オフリミット」が貼られている光景と、彼女たちを忙しげに運ぶ輪《りん》タクは「横須賀の一つの名物」になった。米兵が駐屯する汐入《しおいり》駅周辺は、地元の住人も警戒して立ち入れないほど「怖い」街になっていった。

そもそも商店街の最大の顧客が「ヤミの女」という、貧弱な横須賀経済は、米兵から稼ぐ彼女たちに依存した「パンパン経済」とまで揶揄されるほどであった。

市も取締りに積極的ではなかった。観光宣伝のために商工会議所が企画した「タマラン節」は、街娼の街のイメージを彷彿させるとして、市民の猛反対を受けた。ようやく重い腰を上げた横須賀市は、昭和二六年（一九五一）一二月に「改正風紀取締条例」を施行し、一時は街娼の数も半減したが、一年も経たずして制定以前に達するほどだった。横須賀は朝鮮戦争で賑わいを取り戻したが、その実態は戦前の軍港時代と大きく変わっていなかったのである。

昭和二八年、梅津芳三が再び市長として登場した。梅津は日米安保体制下、横須賀に存在する米軍基地と「再軍備」、そして「平和産業都市」の樹立という難題に、現実的に対応する道を選んだが、当時の国内事情は容易には許さなかった（『新横須賀市史』通史編・近現代）。

他方、米軍基地（SRF）は市民らに雇用機会を与え、基地のある自治体に対する助成金の支給は、市財政の一角を占めるようになっていった。このようなジレンマが戦後の横須賀市を占め続けていた。この環境は、基地や自衛隊を抱えた自治体の多くも同様であった。

海上警備隊と横須賀

朝鮮戦争勃発に伴い、マッカーサーの指示により首相の吉田茂は、国会に諮《はか》らず政令として警察予備隊を昭和二五年（一九五〇）八月一〇日に誕生させた。これは日本に駐留していた米軍兵士の朝鮮半島派遣に伴う国内の治安維持が目的だった。しかし昭和二一年に公布された日本国憲法第九条では、戦争放棄と戦力を保持しないことを規定しているため、海外はもちろん、国内でも「再軍備」を懸念する声があがった。一方、アメリカ本国では、昭和二三年頃から占領軍の軍備縮小に伴い、日本に一定の武力保有を認めようとする動きはあった。

朝鮮戦争勃発直後、マッカーサーが吉田茂首相に提出した「警察予備隊の創設及び拡張計画書」を受け、日本政府は「警察予備隊令」を発して編成に取り掛かったが、当初は教育や訓練に必要な施設は横須賀市内に残されていた旧軍施設も利用された。この経緯は不明だが、それこそ首都東京に近く、戦争被害が比較的少なかったことが背景にあろう。

また、なかでも海上保安長官のもとに組織されて発足した海上警備隊（昭和二七年四月）は、一部米軍に接収されたままの旧海軍水雷学校（田浦）を使用して始まった。また、当時は横須賀港内の一部に米海軍の不要艦艇が保管されていたが、海上警備隊発足に際し、米海軍からPF型フリーゲート艦一八隻とLSSL型強襲揚陸艦五〇隻を、それぞれ警備船、警備艇として貸与された。隊員に対する教育も、敷地内に海上警備隊幹部学校と術科学校を設置して開始された。こうして戦災を免れた旧海軍基地の一部から、戦後の「防衛」が始まったのである。

消えない「軍都」の烙印

国連軍は昭和二五年（一九五〇）九月二八日、北朝鮮軍からソウルを奪還、そのまま三八度線を北上し、一〇月二〇日には平壌《ピョンヤン》を陥落させた。これを受けて北朝鮮を支援すべく中国が参戦したため、マッカーサーはソウルを放棄する。しかし、戦略をめぐって大統領のトルーマンと対立したマッカーサーは、翌年四月一一日、解任され日本を去ることになる。やがてアメリカは休戦を決め、一九五三年（昭和二八）七月二七日に休戦協定が成立した。

昭和三〇年五月、朝鮮戦争停戦から二年近くを経て、米軍は必要性の低下から特需会社の富士自動車へ大量解雇を通告した。米軍は退職金も支払わなかったため、ストライキの末、会社が一部を支払ったのみで約三七〇〇人が解雇され、さらに三三年末には、日本飛行機やSRFを含めて約一万人が解雇された（山本惣治『日本自動車工業の成長と変貌』）。基地を抱えた都市では失業が社会問題化し、各市はその対策に追われた。まるでかつて海軍工廠の大量解雇への対応に追われた時の横須賀市のようである。朝鮮戦争の停戦で、横須賀も景気が低迷した。しかし入れ替わるように新たに発足した保安隊、自衛隊の誘致運動も各地で起こった。

昭和二九年七月に市内小原台《おばらだい》で開校した防衛大学校は、陸海空幹部が一ヵ所で学ぶという、世界に例を見ない制度が特徴であった。マスコミはこの充実ぶりを「東洋のアナポリス」と称し、小原台を「再軍備のメッカ」と皮肉った。戦前に高角砲台が置かれた小原台は、戦後の「横須賀市観光計画」により、ゴルフ場を合わせた総合観光地帯として予定されていたにもかかわらず、「軍」に明け渡したからである。「再軍備」をどう定義するか詳らかではない。しかし、「結局古い因縁から再軍備下に脚光を浴びる運命」だと横須賀を揶揄《やゆ》したのは、終戦からわずか九年にして自らの意志に反し、「軍港」に回帰せざるを得ない横須賀の姿だった（『神奈川新聞』昭和二九年一一月一〇日）。

そして現在の「軍港」

第七艦隊と横須賀

現在、世界最大にして最強、とされるアメリカ海軍第七艦隊の司令部（強襲揚陸艦「ブルーリッジ」艦上）は横須賀にあり、修理のために帰国した原子力空母「ジョージ・ワシントン」に替わって「ロナルド・レーガン」の事実上の母港となっている。今は「軍港めぐり」でこの第七艦隊を海上から堪能できるが、数十年前は観光の対象ではなかった。

「マッカーサーの海軍」と言われた第七艦隊は、第三、第五艦隊と同様、戦後のナンバーフリート（序数艦隊）制の廃止により消滅し、規模を極端に縮小して西太平洋海軍部隊となった。しかし、朝鮮戦争直前に復活、拡充を続けながら現在の第七艦隊に至っている。

図33　米原子力潜水艦寄港阻止集会（昭和39年11月７日，毎日新聞社提供）

図34　入港する「シードラゴン」（昭和44年９月６日，同提供）

昭和二六年（一九五一）のサンフランシスコ講和条約と抱き合わせの日米安全保障条約により、以降次々と空母が横須賀に寄港することになるが、朝鮮戦争のさなかに空母「オリスカニー」が核を持ち込んでいたことが発覚したことは記憶に新しい（平成二〇年）。講和条約以降、横須賀は常に日米の安全保障、核疑惑問題の渦中に置かれることになったのである。

昭和四一年五月の横須賀初の原子力潜水艦「スヌーク」入港を前に、各種団体による抗議運動が活発化し、第二回目の「シードラゴン」入港に際しては、革新系団体が臨海公園（現ヴェルニー公園）で抗議集会を開催、ベース前では一般労働組合員、学生らのデモ行進や市外から来た男性の割腹自殺未遂があった。九月七日の「ベトナム侵略・原潜寄港阻止横須賀大会」では抗議運動が激化し、護送車が倒されて炎上させるなど、暴力行為や暴走ぶりは次第にエスカレートした。

アメリカ大統領リチャード・ニクソンが翌年（一九六七年）七月に「ニクソンドクトリン」と言われるアジア防衛に関する新政策を表明すると、それに規定された空母「ミッドウェイ」の母港化問題（昭和四七年）で抗議運動はピークに達した。しかし、原子力潜水艦入港反対運動から続くデモ行進と抗議集会や暴徒化した破壊行動が、横須賀市民に与える被害は大きかった。

児童や生徒は集団登下校や臨時休校を余儀なくされ、目抜き通りである大滝町や若松町商店街は「デモ銀座」とまで揶揄《やゆ》された。デモが終わるまで商売はできず、デモ翌日のゴミの山、道路に転がるたくさんの石を掃除するのは警察であり市民だった。いつしか報道さえも、地元市民の反応の少なさを批判的に取り上げるようになってきた。

しかし一方で、昭和三八年の原子力潜水艦「スヌーク」寄港と前後して、横須賀市には原子力潜水艦寄港を歓迎する日米親善市民協議会（会長小泉純也）が結成されたほか、横須賀市内の商店街の総会では寄港賛成の決議が採択された（『神奈川新聞』昭和三八年二月一四日）。すでに抗議集団との間に温度差は生じていた。過激な抗議行動のすべてが、横須賀市民の考え方を代弁するものではなくなっていたのである。この「情熱」と「冷静」のなかで、第七艦隊は横須賀を拠点としていったのである（高村聰史「空母母港化」）。

街のなかにある基地

二〇〇一年（平成一三）九月一一日、アメリカで同時多発テロ事件が発生した。この翌日、横須賀では基地ゲートへ通じる国道一六号線は大渋滞し、ベースの正門前には米兵らが集まり、手を合わせる市民もいた。ゲートは固く閉じられたまま厳戒態勢にあった。正門前のアンカー（錨）のオブジェには献花が山のように積まれた。一九九〇年（平成二）のイラクのクウェート侵攻から始まった湾岸戦争の時に「B」だった警戒レベルは、最高の「D」に達した。横須賀も、アメリカの敵にとって攻撃の対象なのである。

日本は「同盟国」だが、軍港内を巡視中の海上保安本部巡視艇「まつなみ」にさえ、高速ボートが接近し威嚇したという（『神奈川新聞』平成一三年九月一四日）。米海軍は横須賀基地への出入艦船情報の提供を一方的に中止、厚木基地では連日、戦闘機による「タッチ・アンド・ゴー」（離着陸訓練の一つ）が繰り返された。そして九月二一日、ミサイル駆逐艦「カーティスウィルバー」、駆逐艦「ケッシング」、ミサイルフリゲート艦「ゲアリー」、給油艦「ラパハノック」を随行艦として、空母「キティホーク」（八万六〇〇〇トン）が横須賀を出港していった。横須賀市に直接連絡はなく、外務省から二四時間の対外通報禁止のみ伝えられた。

「軍港見学」はすぐに中止になり、編纂中の『新横須賀市史』もしばらくの間、基地の調査はできなくなった。横須賀は米海軍の「軍港」だったこと、横須賀のなかに米海軍基地があることを、横須賀市民は改めて再認識したのである。

米軍と横須賀市民

連合国軍の上陸以来、米兵による犯罪は繰り返されてきた。米兵による風紀の乱れは基地が置かれた街々で社会問題化した。日米連絡協議会を開催し、米兵の犯罪や風紀対策が講じられ、朝鮮戦争以降は日米で市内パトロールも行なわれた。日本基督教会による「フレンドホーム」も、異国間の格差解消を目的に設置されたが効果は生まなかった。横須賀市は基地司令部に抗議するほか、昭和五四年（一九七九）には暗がりに防犯灯を設置したり、米兵らの立入り禁止区域を設定するなど対策を講じたが、以降も米兵の犯罪は続いた。

繁華街に米兵を多く見かけると、艦船の横須賀入港がわかるが、とりわけ空母が寄港するとその傾向は顕著だ。最近では、どぶ板通りにはMPが立って彼らを指導、保護するようになった。十数年前の凶悪な殺人事件以来、米兵の犯罪は減少傾向にあるが、依然として改善に向けての努力が必要である。

他方、基地住民と市民らとの関係は、一面だが比較的良好な関係を維持している。基地内は治外法権だが、年に何回かは基地が開放され、三月には「日米親善よこすかスプリングフェスタ」があり、旧日本海軍時代に植樹した桜の花見ができる。また、八月には「ヨコスカフレンドシップデー」、一〇月には「よこすかみこしパレード」もあり、これとは別に「日米親善ベース歴史ツアー」も年四回開催されている。さらにベース正門付近に「日米交流センター」も開設されて、両国間で異文化交流を楽しむことができるようになった。そう、ゲートの向こうは「アメリカ」なのだ……。

海軍が遺したもの——エピローグ

本書では、「寒村」だった横須賀村が、幕末にフランスの技術協力を得て建設された製鉄所とともに急速に発展し、近代の〈軍港都市〉横須賀を形成する過程を、日本海軍との関係、戦後の米海軍との関係からたどった。最後に、幕末から終戦、戦後から現在に至るまで、日米仏の海軍の影響を強く受けてきた横須賀に、何が遺されたか、軍港市民との関わりを含めて最後のまとめとしたい。

「寒村」から〈軍港都市〉へ

江戸幕府は、本格的な造船所建設による幕府の軍艦の建造を最大の目的としたため、造船所（製鉄所）の置かれた村がやがて〈軍港都市〉として発展することなど想像もしていなかっただろう。この点は明治期に建設された呉《くれ》・佐世保などの軍港と最も異なる点である。

横須賀には多くの人が集まった。明治期になると、造船工場の音、街に溢れる職工たち、進水式の賑わい、行幸、造船所見学、行き交う海陸軍の将兵たち、次々と入港する艦船。従来の町村にはない〈造船の街〉の魅力があったからであろう。

そんな横須賀村も、明治九年（一八七六）には横須賀町となり、さらには横浜の東海鎮《ちん》守府《じゅふ》が明治一七年に造船所内へ移転し、新たに横須賀鎮守府と改称されると、〈造船の街〉から〈海軍の街〉へと新たに発展していった。海陸軍の軍事鉄道として東京と横須賀が鉄路で結ばれると、〈陸の孤島〉に近かった横須賀周辺の交通環境が改善され、地域住民の利用も定着した。

海軍という大口顧客を目当てに、造船所周辺には御用商人も現れた。人口も急増し、明治二二年の町村制施行を前に浦賀町の人口を遥かに凌駕した。すでに隣接する逸見《へみ》村を合併していた横須賀町は、日清・日露の二つの対外戦争を経て軍事施設の拡充する海軍とともに町域も拡大、三九年に豊島町を合併して、翌年には市制施行した。昭和八年（一九三三）には田浦町、衣笠《きぬかさ》村、さらに同一八年には、長井、大楠、浦賀、逗子の四町と武山、北下浦、久里浜《くりはま》の三村を合併して、国内最大級の軍港都市「大横須賀」が完成した。この合併には海軍の協力と思惑があり、不本意な合併を強いられたとする逗子町は、戦後に分離し、現在の市域に至っている。

海陸軍と地域住民

横須賀鎮守府が設置されて以後、水道、鉄道など日本初の軍港都市としてのインフラが整えられたが、横須賀村のその急激な軍事化への変容を、住民の誰もが受け入れていたわけではなかった。軍と地域住民との軋轢《あつれき》も生まれた。「寒村」ながら、地元産業の柱の一つでもあった沿岸漁業は、横須賀海軍港規則（明治一九年）の公布により漁業も従来どおりにはいかなくなった。その後の要塞地帯法（明治三二年）は、さらに住民の行動を規制するもので、生業にも大きな影響を与えた。軍隊の存在が、地域住民の日常的な生活空間にまで影響を及ぼさざるを得なかったのは、同地一帯が海陸軍にとって防御と機密が不可欠な要地だったからにほかならない。ところが地域住民は当初、「軍事機密」という概念をすぐには理解できず、鎮守府などに苦情を訴えるケースも少なくなかった。

軍港都市には軍港を守る「陸軍」も存在した。横須賀町に隣接する豊島村に、明治二三年（一八九〇）に設置された要塞砲兵連隊（のちの重砲兵連隊）がそれである。村会には戸惑いがあったものの、村の将来的発展を期して陸軍からの設置要望を受容したことは興味深い。しかし、「軍隊」に対する視線は依然として懐疑的であった。

この状況を一転させたのが明治二七年に始まる日清戦争、明治三七年からの日露戦争という、二つの対外戦争とその報道である。対外戦争で報じられる活躍ぶりを地域住民は目の当たりにし、自分たちの村に置かれた陸軍の存在を強く意識するようになった豊島村は、日露戦後に横須賀市と合併して軍港横須賀の重要な一角を形成することとなる。

もちろん海軍も同様であり、住民たちは地元の軍隊、〈軍港都市〉横須賀の軍事的役割への理解を深め、同時に自らが住む街への愛着、誇り、を意識し、「軍港市民」としての一体感を共有していった。当初、軍港は横須賀のみだったが、呉、佐世保、舞鶴《まいづる》と新しい鎮守府の設置が進むと、「わが軍港」的な市民意識が急速に高められていったのである。

海陸軍と横須賀市

造船所から始まった横須賀村の産業基盤は、きわめて脆弱であった。明治四〇年（一九〇七）の市制施行で横須賀市が誕生してから六年後の大正二年（一九一三）段階でも、民間工業のほとんどは手工業で、鉄工業は一社しかなかった。海軍工廠《こうしょう》（官営工場）を除けば、企業らしい企業は存在しなかったのである。この点で、小規模ながら醸造業などの伝統産業が存続していた呉や佐世保とは大きく異なる。

このため市民の海軍依存度は必然的に高まり、横須賀市の職業別人口のうち、海軍工廠職工と海軍軍人だけで市の全戸数の五〇％以上を越えていた（大正二年）。呉市では海軍が民間産業の育成を妨げたケースが見られたようだが、横須賀では見られない。要するに妨害が必要なほどの産業が育っていなかったということであり、それだけ依存度が高く、まさに「海軍あっての横須賀」だった。

ではは軍港都市とはいえ、海軍がすべての面で主導的役割を果たしたかといえば、そうでもない。海軍もまた軍港の維持を図るうえで、市民、市との円滑な関係を構築していかねばならなかった。軍港市民との対話も必要としたのである。ただ、軍港市民の極端な海軍依存への危機感は一部で早くから囁かれていた。

それが現実となったのは、第一次世界大戦（一九一四〜一八）終戦後の、二つの海軍軍縮条約の締結である。一九二二年（大正一一）にアメリカ・イギリス・フランス・イタリア・日本の間で締結したワシントン軍縮条約、一九三〇年（昭和五）にアメリカ・イギリス・日本の三国間で締結したロンドン軍縮条約がそれである。軍艦の保有数が制限されたため、海軍工廠の職工の大量解雇を余儀なくされ、横須賀市の経済は危機に瀕した。

このため横須賀の商港利用が提案されるなど、行政側から海軍依存脱却の動きがあった。ところが、それが具体化される直前、大正一二年九月一日に関東大震災が発生、壊滅的な被害を受けた横須賀市は、救済にあたった市内所在の海陸軍に、再び依存せざるを得なくなったのである。

とはいえ、横須賀市は海軍からの完全なる脱却を考えていたわけではない。むしろ軍港と商港との並立であり、軍港であることを拒絶したわけではなく、またそれが不可能だったことは、昭和七年（一九三二）に実施された商工関係者による「繁栄策」の内容からも明らかだ。そのなかには「海軍」を観光資源として活用しようとする案も少なくなかった。

軍港と遊廓と

〈軍港都市〉にとって、風紀的にも教育的にも排除の対象とされながら、都市発展の過程で不可欠な存在だったのが遊廓である。遊廓の設置は、現大滝町側の埋立てや開発を促進したことは確かであり、柏木田《かしわぎだ》へ移転してもなお、艦隊入港は遊廓の売上高に直接的に反映した。軍港都市の上客である軍将兵らの落とす金は、町財政に大きく影響したため、芸妓らが稼いだ金額は、翌日の新聞に「よだれ高」として掲載された。また、明治末期には高額な遊興費をめぐり鎮守府と遊廓が対立、海軍が遊廓を襲撃する計画が持ち上がり、遊廓を警察が警備する事態にまで至るほど、軍港都市の影の主役として、遊廓の存在が際立っていたのである。

しかし、軍縮や関東大震災で〈軍港都市〉横須賀が不景気になると、それを反映して、市内では観念寺方面（深田、現共済病院周辺）を中心に、比較的安価な銘酒屋（私娼）が次第に建ち並ぶようになり、柏木田遊廓の経営は行き詰まっていく。

大正一一年（一九二二）一二月に竣工した埋立て地「安浦」（「旧公郷町埋立地」）に、翌年の関東大震災により罹災者用バラックが多数建設されると、市内各地の銘酒屋が次々と「安浦」に移転した。田浦町でも工廠造兵部周辺の銘酒屋（四〇軒）が皆ヶ作《かいがさく》地区に集められた。こうして市内で銘酒屋の整理が進められると、職工らの足はそちらに流れた。

ただ、太平洋戦争終戦直後の連合国軍上陸に際し、横須賀の風紀上の防波堤となったのは、安浦や皆ヶ作の銘酒屋の私娼組合の接客婦たちだったことも忘れてはならない。そして、戦後の海軍なき横須賀経済は、「闇の女」「パンパン」たちに支えられていたと伝えられるほど、彼女たちに依存していたのである。遊廓があった柏木田も、終戦とともに進駐軍人相手の店として変貌し、銘酒街と大差がなくなった。昭和二一年（一九四六）のGHQによる公娼廃止指令後、安浦、皆ヶ作、柏木田などは、いわゆる「赤線《あかせん》」（売春を目的とした特殊飲食店街の別称）とされたが、同三三年四月の売春防止法施行により廃業となった。昭和三四年一月、柏木田の地に最新設備を整えた米軍関係者専用ホテル（「ホテル福助」）が開業したが、建物は平成二四年（二〇一二）頃解体されている。遊廓跡は、現在は閑静な住宅地となり、見返り柳があった広い道路を残してほとんど面影はない。

〈軍港都市〉の建設

明治期の横須賀では、海軍が町作りに大きく関与した例は確認できないが、関東大震災を契機に、横須賀鎮守府は基地および基地周辺の大改造に乗り出している。市内に散在していた海軍用地と民有地の交換（「稲楠《とうなん》土地交換」）と基地周辺の整備である。この大正末期から昭和初期に至る鎮守府の「基地整理」と横須賀市の都市計画により、昭和初期までに軍用地と民有地が完全に切り離された。この間、明治三九年（一九〇六）に東京湾口防衛、軍港防衛の拠点であった〈陸軍の街〉豊島町と合併、また、昭和八年（一九三三）には「海軍航空のメッカ」となった三浦郡田浦町と合併し、「海」「陸」「空」の〈軍港都市〉が「完成」した。

他方、海軍水道は、明治初期には走水《はしりみず》から鎮守府方面、都市インフラ建設に重要な役割を果たしたが、慢性的な水不足に悩まされ、走水水系、半原水系、有馬水系と水源が模索され続けた。昭和一四年起工の有馬水系工事が、一部開通未完成のまま終戦を迎えたが、戦後は横須賀市へ移管されたものの、現在は半原・有馬とも取水を停止している。

戦時の横須賀

関東大震災後の基地整理と都市計画により街並みが整備されるとほぼ同時に、満洲事変が勃発した（昭和六年）。この事変以降、日本の経済は急速に回復した。活気を取り戻した軍港は、昭和一二年（一九三七）の盧溝橋《ろこうきょう》事件を契機に「準戦時体制」に移行、海陸軍人が街にあふれ、職工の急増や建造ラッシュとなり、最も軍港らしい時代を迎えることになった。なかでも昭和一〇年に起工した第六船渠《せんきょ》は、官民挙げての大工事となった。

昭和一六年一二月、日米開戦の詔勅を受けると、海軍の拠点であり帝都を守る軍港として重大な任務を担う横須賀に緊張が走った。開戦に伴い艦船修理への需要から一時的に好景気を迎えたが、それもつかの間、報道内容とは異なり、「軍港市民」の生活は急速に厳しくなっていった。

戦時中、市民の記憶に強く残されたもの、それは軍港を覆う「塀」であった。横須賀鎮守府は、軍港が軍関係者以外のあらゆる人びとの視覚を遮蔽するため、軍港周辺を囲んだ従来のコンクリート塀以外にも木造の塀を追加設置して、地域住民の海への視覚を遮った。工廠に勤労奉仕に来た近隣の女学生が、「船越にいて海を知りませんでした。……こんなに近くに海があるなんて、夢にも思わなかった……門を入ったら前が海なのでびっくり」していており、海辺に生まれ育った人にさえ「海」の記憶が刻まれていないほどだった。さらにこの「塀」は丘陵に暮らす住民らの日常的な海の景色すらも遮断しており、戦後、集団疎開から夜に自宅に戻った学童が海の方を見て、「すっごく明るいんですね、花火だと思ってびっくり」したと語るほどの徹底ぶりだった（「インタビュー　戦争と私たちの娘時代」、および「特集・学童疎開Ⅱ」）。戦時の基地と地域との関係は、実際には食糧など軍需品を搬入や学徒勤労動員の出入り以外、視覚的にもほとんど接点を持たなくなっていったようだ。軍機厳格化の事例だが、これまで慣れ親しんできた軍港市民の視覚さえも遮ろうとする「塀」の存在は、戦時横須賀の象徴的な存在だった。

第六船渠の竣工直前から起工した空母「信濃《しなの》」もまた、軍港市民の視覚が遮られたまま静かに呉へ回航し、以降、軍港横須賀は、大型艦艇の起工もないまま終戦を迎えている。

昭和二〇年（一九四五）八月、長かった戦争は、敗戦という形で終了した。同時に幕末以来続いてきた海軍が解体され、横須賀市は完全に存立基盤を喪失した。海軍にどっぷりと依存していた横須賀市は、新たな生きる道を模索しなくてはならなかったが、本来であれば横須賀と海軍との歴史はそこで終わったはずであった。

終わりと始まり

終戦後の先の見えない横須賀のゆくえ、街で溢れる職工、旧軍人、無職者。その時、目の前にあったのが、旧日本海軍の軍港に占拠する米海軍の存在であり、労務提供という占領軍の手伝いだった。昭和二一年四月二八日に開廠したＳＲＦ（Ships Repair Facilities、米海軍艦船修理廠）は、その過程で誕生した。

海軍の第四代横須賀基地司令官のデッカーが、来日した米軍首脳に対し、基地化のポイントとして第六船渠を挙げたように、横須賀にある大型船渠の存在は米海軍の戦略上、きわめて重要な施設だった。同時に、日本人技師などのスタッフを採用し、優れた技術を有するＳＲＦもまた第六船渠とともに魅力的な組み合わせとなった。デッカーは軍港を覆う「塀」の破壊を指示したが、今度は米軍基地という見えない障壁を建設したのである。

横須賀市も旧軍施設を利用した都市再生を模索していた。境遇の近しい横須賀をはじめとする旧軍港四市（横須賀・呉・佐世保・舞鶴）は昭和二五年三月、旧軍港市転換法（軍転法）を制定させて「平和産業都市」への道を開いた。ところが、ほとんど同時期に朝鮮戦争が勃発して、一頓挫した。任務終了後に撤退すると思っていた占領軍は、翌昭和二六年九月八日のサンフランシスコ講和条約、および同日の日米安全保障条約を経て「駐留軍」と名称を変更して今に至る。横須賀は、目指していた「平和産業都市」どころか、かつての敵国であった米国海軍の「軍港」としての道を「再び」歩まざるをえなくなったのである。『サンデー毎日』昭和二六年一一月二五日号では次のように書かれている。

（横須賀は）他力本願的な性格がしみついた街であり、……敗戦となって茫然となったが、今度は幸い米軍の進駐となり再び海軍基地として復活したので、こんどはこれに依存して露命をつないで行ったのである。

当たらずとも遠からず、だと思う。ただ横須賀市の名誉にかけて言えば、海軍基地化は、必らずしも市や市民の総意ではない。それは旧軍港市以来の佐世保、呉（一部）もまた同じであった。聞き取りをさせてもらったある人はこう語った。「日の丸から星条旗にかわっただけさ……」。

今の横須賀を見ると、社会問題化している汐入《しおいり》周辺の「限界集落」、急傾斜地に這うように密集する家屋と細い道、長い階段、人口減少率が全国トップという不名誉な現実がある（平成二五年）。空き家だらけで共同体としての機能を失った地区、活気を失った街……。かつて賑わった〈軍港都市〉の一部の居住空間は、すでに役割を終えていた。そこで横須賀は再び観光資源としての旧海軍と米海軍という「歴史資源」に依存してゆく。海軍が遺したもの、それはやはり「海軍」だったと言うべきか。

昭和二九年に旧軍港市振興協議会が発足されて以来、東京に事務所を置き、横須賀、呉、佐世保、舞鶴の旧軍港四市の連携が図られているが、四市ともいまだに旧軍財産の転用活用を終えてはいない。だが平成に入り、軍港四市のうちたまたま呉と舞鶴の間で「肉じゃが発祥地論争」が始まると、横須賀市ではこれを受けて、海上自衛隊との間で「カレーライス」の地域活性化利用へ動き出した。まさに「海軍カレー」の誕生である。

さらに平成二八年（二〇一六）四月、軍港四市は「旧軍港市日本遺産活用推進協議会」を設立、選定された日本遺産（鎮守府）を活かした地域経済の活性化に動き出した。再び「歴史資源」としての「海軍」を使って……。

〈軍港都市〉の歴史を刻む「横須賀ストーリー」はこの先も続くのである。

あとがき

もう三年が経つのに、ついこの間のように感じるのは、横須賀から離れた衝撃が大きかったからであろうか。私は平成一二年（二〇〇〇）四月以来、実に一七年間にわたり『新横須賀市史』の編纂に携わらせていただいた。この間、同時多発テロで緊迫する米海軍基地、基地再編、米兵犯罪、核持ち込み発覚、原子力空母母港化など、次々と生じる基地問題に動揺する横須賀を目の当たりにしてきた。日本人とアメリカ人、自衛隊と米軍、そして基地反対と賛成がそれぞれ同居する都市の、複雑かつ特殊な空間の諸事情は、基地がない自治体にはとうてい理解できないだろう。

『新横須賀市史』編纂に関わることができたのはほかでもない、恩師上山和雄先生の「やってみるか？」の一言だった。資料調査のため、長野県和田村旧本陣の宿に合宿した時だと思う。「横須賀」と聞いてただちに蘇った記憶は、少年時代の自分の姿だった。外では野球と探検だったが、家へ帰れば勉強そっちのけで「ウォーターラインシリーズ」

（艦船プラモデル）作りに没入し、セメダインや「パクトラタミヤ」「レベルカラー」（ともに模型用塗料）のシンナーと格闘する懐かしい日々だった。田宮模型のコンテストには落選したが、近くのおもちゃ屋からは金賞をいただいたことも思い出した。そうだ、自分の部屋に並べた「信濃」「飛龍」「陸奥」「山城」「妙高」「高雄」……といった軍艦の数々、それらは横須賀（海軍工廠）で建造されていたのだ！

品川から米軍基地、記念艦「三笠」のある横須賀へ通う、ワクワクするような日々が始まった。しかし、当時を知る市民の方々から〈生《なま》の歴史〉を聞くうちに、軍艦そのものはもちろんだが、軍艦を建造した人びとや地域社会に深い興味を抱くようになっていった。住民にとって海軍とは何であったのだろう、そう考えることが多くなったのである。

横須賀は実に面白いところだった。事業当初、市内外には海陸軍の佐官・尉官級や兵卒、海軍工廠の技師・技手だった方々も数多くご存命であった。横須賀の銃後を守ったご婦人たちも然りである。

当時すでに戦後五五年が過ぎていたから、私はこのような戦争経験者の方々のところへ片っ端から聞き取りにでかけた。もちろんメモとレコーダーを片手にである。聞き取りは市内外で三〇〇人以上、そのうち一〇〇人近くの音声記録や映像は、市役所のどこかに眠っているはずである。聞き取りは個人でも行なったが、なかには私の自宅まで来られてお話をして下さる方々もおり、本書で典拠として「聞き取り」と示したものは、その際の記録によるものである。

私が調査に伺っても、市民の方々は常に優しく協力的であった。聞き取りはいつも数時間に及んだが、「お役に立つなら……」と、本当にていねいにお話をしてくださった。彼らの多くは横須賀の街を心から愛し、心から大切にしていた。だからこそ、郷土の歴史編纂に協力を惜しまれなかったのだと思う。「この話は聞いてもらわないと……」と言って何度も編纂室に足を運んでくれたり、「もう会えないかも知れないから……」と、不自由な身体で挨拶に来られた方もいた。「楽しみにしてるよ」と言いつつ、編纂終了を前に亡くなられた方々も少なくない。

苗字のみにとどめるが、藤原さん、今関さん、服部さん、影井さん、木下さん、左近允さん、白根さん、畑さん、根岸さん、毛塚さん、堀内さん、石渡さん、永田さん、細谷さん。名前を挙げればきりがない、顔も声も姿も、帰りに手を振りながら駅へ向かう小さな背中も……思い出せば、もう涙がこぼれそうになる。本当に素敵な方々だった。奥泉さんや永守さん、野坂さんなど、時折連絡を下さる方々もいるが、私自身もまた、そんな素敵な人たちが生活する横須賀を愛する一人だった。

横須賀の未来は前途洋洋だ。米軍基地内に残されていた旧ティボティエ邸の解体に伴う

「(仮)軍港資料館」の建設については、優柔不断な軍港資料館等検討部会の部会長として、平成三〇年まで五年間にわたり、時には心が折れそうになりながら進めてきた。文化行政にエネルギッシュな上地克明市長の登場で大きく前進、いよいよ今年開館である。

紆余曲折の末、同施設は周遊型サテライト資料館のガイダンスセンター(仮称)として結実したが、本書で述べたような軍港としての歴史があり、軍事遺跡が各所に存在する横須賀にふさわしい施設だと思っている。横須賀にも「横須賀」らしい博物館があっていい。だからこそ今回のガイダンスセンターは、横須賀における巨大かつ壮大な「軍港資料館計画」の第一歩と位置づけたい。横須賀には、同じ軍港都市としての道を歩んだ呉市の「大和ミュージアム」に絶対に負けない「資料館(博物館)」がなくてはならないのだ。横須賀の未来は希望に満ちている、まだまだ横須賀は頑張れる。

本書の背景となったのは『新横須賀市史』編纂事業である。ほぼ全期間にわたり室長格にあった長島洋一氏(元横須賀市総務部)には、専門委員や我々担当にも温厚で柔軟に対応していただいた。長島氏の存在なくして『新横須賀市史』の刊行はありえなかった。そして現在では各方面で活躍している苦楽を共にした同僚たち、上杉孝行氏、椿田卓也氏、真鍋淳哉氏、神谷大介氏、水野僚子氏、伊藤久志氏、そして上山和雄先生をはじめとする近現代部会の諸先生方には、いろいろな意味でお世話になった。また栗田尚弥先生には、今もなお格別なご指導をいただいている。そして山本詔一氏、長浜つぐお氏、久保木実氏といった、魅力的な郷土史家の方々がいてこその「横須賀」だった。

本書執筆の直接の契機となったのは、平成二七年年から翌年に吉川弘文館で刊行された『地域のなかの軍隊』シリーズの執筆者としてお声かけいただいたことにある。荒川章二氏が編者になられた第二巻の関東編『軍都としての帝都』に、「横須賀の軍港化と地域住民」を書かせていただいたことで、横須賀という〈軍港都市〉の歴史を地域住民の視点で捉える新たな考え方を得ることができた。また、シリーズ担当者の吉川弘文館編集部の斎藤信子氏には、本書執筆の機会を与えていただいたこと、呑気な私の執筆を気長に、挫けずに、温かく見守っていただいたこと、心から格別の謝意を表したい。また、カバーや挿入図版など構成にあたり同じ編集部の伊藤俊之氏からさまざまなご示唆をいただいた。心より感謝したい。

本書の大切な「あとがき」が、私の市史時代の総括的内容に終始してしまった。私のささやかな研究生活のなかでも、圧倒的な比重を占めていた市史編纂の経験が、事業自体の終了による急な解雇でまったく総括できなかったことが心残りだったのだ。一七年という歳月を清算することは容易ではない。本書の執筆も、中途で何度も行き詰った。書きたかったこと、聞いてほしかったことは、まだまだたくさんある。いささか愚痴めいてしまったが、かような経験は多くの自治体史編纂の現場でこれからも起こりうると思うからである。この点ご理解を賜りたい。

さて末筆ながら、故郷北海道の愛する両親、妹、そして妻、反抗期に突入した二人の子供たちに心から感謝の意を表したい。いつもありがとう……。

二〇二一年三月一九日

二度目の非常事態宣言下の東京にて

高村聰史

史料・参考文献

〔未公刊史料〕（所蔵機関別）

外務省外交史料館

「横須賀製鉄所一件　一」
「東京湾海堡築造ニ関スル事項米国大使ヨリ問合ノ件」
「（昭和四年）本邦博覧会関係雑件」
「三笠保存会関係資料」

国立公文書館

「御軍艦所之留」
「公文雑纂　明治二十一年　第九巻　陸軍省・海軍省」
「公文類聚　第十四編　明治二十三年　第二十三巻　兵制五　庁衙及兵営城堡附・兵器馬匹及艦船一」
「公文類聚　第十八編　明治二十七年　第十九巻　財政門五・会計五」
「公文類聚　第十八編　明治二十七年　第二十四巻　財政門十　会計十　臨時補給二・国庫剰余金支出一」

国立国会図書館

協調会情報課「本邦労働運動調査報告」大正一一年一二月

「官報号外　衆議院議事速記録」
「帝国議会衆議院予算委員会速記録　第三号」
「桜田文庫」（憲政資料室）
"Action Report Fleet Landing Force（TG31.3）And Task Force Able, Sixth Marine Division" Initial Occupation of Yokosuka Naval Base Area Japan（憲政資料室）
Records of the U.S. Strategic Bombing Survey（略称「USSBS」、米国戦略爆撃調査団報告書）、米国立公文書館所蔵（憲政資料室）
Recommendations with Respect to U.S.Policy toward Japan（NSC13/2）（1948/10/7）、米トルーマン大統領図書館所蔵（憲政資料室）

防衛省防衛研究所

「明治十二年公文類纂　前編　巻四一　本省公文　法律部２止」
「明治十二年公文類纂　後編　巻一七　本省公文　土木部一」
「公文類聚　第七編　明治十六年　第五七巻　運輸一」
「公文類聚　第十編　明治十九年　第十四巻　兵制三　陸軍官制三」
「公文類聚　第十編　明治十九年　第十五巻　兵制四　庁衙及兵営」
「明治十九年　壱大日記　六月」
「明治二十一年　公文備考　目録土地家屋　巻一三」
「明治二十四年　弐大日記　二月」

「明治二十八年　戦時書類　巻六」
「明治三十一年　陸軍省達書記録」
「明治三十四年公文雑輯　巻一一　兵員兵器一」
「明治三十七年　公文備考　巻二六　物件八」
「大正四年十二月　横須賀海軍下士卒家族共励会内規」
「大正十二年　公文備考　巻一六〇　変災災害」
「昭和三年　公文備考　土木二〇　巻一二七」
「横須賀鎮守府戦時日誌」昭和一七年四月一日〜四月三〇日

その他

「海軍省文書」ADM125/47（『新横須賀市史』資料編・近現代Ⅰに収録）（英国立公文書館）

〔公刊史料〕

井上鴨西『横須賀繁昌記―一名見物独案内―』三浦繁昌記復刻刊行会、一九七七年（初版は私家版、一八八八年）
浦賀船渠株式会社編刊『浦賀船渠六十年史』一九五七年
浦賀地域文化振興懇話会編『浦賀港引揚船関連写真資料集―よみがえる戦後史の空白―』横須賀市、二〇〇四年
岡田緑風『三浦繁昌記』公正新聞社、一九〇八年

岡本良平編『岡本伝之助随想録』さいか屋、一九八四年
追浜工業会30周年記念誌編集委員会編『追浜工業会30年の歩み』追浜工業会、一九八九年、横須賀市立図書館所蔵
小原正忠『横須賀重砲兵聯隊歴史』横須賀重砲兵聯隊遺跡保存会、一九八〇年（初版は一九三五年）
勝海舟『海軍歴史』復刻版、原書房、一九六七年（初版は海軍省刊行、一八八八・八九年）
厚生省編『引揚援護の記録』クレス出版、二〇〇〇年（初版は引揚援護庁刊行、一九五〇年）
海軍機関学校海軍兵学校舞鶴分校同窓会世話人編刊『海軍機関学校海軍兵学校舞鶴分校―生活とその精神―』一九七〇年
海軍軍令部編、田中宏巳・影山好一郎監修・解説『昭和六・七年事変海軍戦史』緑蔭書房、二〇〇一年
神奈川県立横須賀大津高等学校百周年記念事業実行委員会編刊『創立百周年記念誌―百年の記憶と歩み―』二〇〇八年
佐藤善治郎『三浦大観』鎌倉松林堂、一九〇六年
清水金枡『海軍下士卒生活講和』厚生堂、一九〇三年
全駐留軍労働組合編『全駐留軍労働組合運動史』第一巻、労働旬報社、一九六五年
永塚利一『石渡坦豊伝』（私家版）一九三九年
日本工学会編刊『明治工業史』土木篇、一九二九年
日本遊覧社編刊『全国遊廓案内』一九三〇年
日本海軍航空史編纂委員会編『日本海軍航空史』第二・軍備篇、時事通信社、一九六九年

福島県立福島高等女学校第四三回卒業藍の会編刊『敷島の海いまなお藍く』一九八六年
福島の学徒勤労動員を記録する会編刊『福島の学徒勤労動員の全て』二〇一〇年
細谷千博ほか編『日米関係資料集—1945～97—』東京大学出版会、一九九九年
防衛庁防衛研修所戦史室編『大本営海軍部・聯合艦隊6・第三段作戦後期』(『戦史叢書』第四五冊)、朝雲新聞社、一九七一年
間宮士信ほか編『新編相模風土記稿』鳥跡蟹行社、一八八四～八八年
宮城県石巻高等女学校昭和二十年卒生横須賀白梅隊編集委員会編刊『娘たちのネービー・ブルー』一九八七年
最上克雅『横須賀市繁栄策』相陽時事新報社、一九三四年、横須賀市立中央図書館所蔵
横廠工友会編刊『横廠工友会沿革史』一九三八年
横須賀海軍工廠編『横須賀海軍船廠史』原書房、一九七三年（初版は一九一五年）
横須賀海軍工廠会編刊『横須賀海軍工廠外史』改訂版、一九九一年
横須賀さいか屋編刊『株式会社横須賀さいか屋社史』一九六四年
横須賀市震災誌刊行会編刊『横須賀市震災誌—附復興誌—』一九三二年
横須賀市編『横須賀案内記』横須賀開港五十年祝賀会、一九一五年
横須賀市都市整備部整備指導課編『野島と夏島—横須賀市と横浜市の行政境界問題解決の記録—』横須賀市、一九九三年、横浜市立中央図書館
横須賀鎮守府編刊『大正十二年震災誌』一九三二年

横須賀米海軍艦船修理廠『錨（祝SRF二十五周年）』第一三七号、一九七二年、個人所蔵
陸軍築城部本部編刊『現代本邦築城史』第一部・第一巻、一九四三年
『若山牧水全集』第五巻、増進会出版社、一九九三年
「重砲兵物語」『偕行』通巻四五三号、偕行社、一九八七年、国立国会図書館所蔵
横須賀商工会議所編『軍港の横須賀』第四号、一九三一年、個人所蔵

〔自治体史関係など〕

横須賀市編刊『横須賀市史』上巻、一九八八年
横須賀市編刊『新横須賀市史』資料編Ⅰ、二〇〇六年
横須賀市編刊『新横須賀市史』資料編・近現代Ⅰ、二〇〇六年
横須賀市編刊『新横須賀市史』資料編・近現代Ⅱ、二〇〇九年
横須賀市編刊『新横須賀市史』別編・文化遺産、二〇〇九年
横須賀市編刊『新横須賀市史』資料編・近現代Ⅲ、二〇一一年
横須賀市編刊『新横須賀市史』通史編・近世、二〇一一年
横須賀市編刊『新横須賀市史』通史編・近現代、二〇一四年
横須賀市編刊『新横須賀市史』別編・軍事、二〇一二年
横須賀市編刊『占領下の横須賀―連合国軍の上陸とその時代―』二〇〇五年
横須賀市役所市長室広報広聴課編刊『横須賀人物往来』一九九七年

横須賀市民文化財団編刊『続・横須賀人物往来』一九九九年
横須賀市教育研究所編刊『横須賀の学童疎開―体験記集―』一九九七年
呉市史編纂室編刊『呉市史』第三巻、一九六四年
舞鶴市史編さん委員会編刊『舞鶴市史』通史編中・下、一九七八・八二年
「市民が語る横須賀ストーリー　戦争と私たちの娘時代―野坂光子さん・寺尾涼子さん姉妹に聞く―」『市史研究横須賀』第五号、二〇〇六年
「市民が語る横須賀ストーリー　教員生活と山中町空襲―鈴木千代子さんに聞く―」『市史研究横須賀』第一五号、二〇一六年
「市民が語る横須賀ストーリー　海軍工廠と職工生活―鈴木正年さんに聞く―」『市史研究横須賀』第一五号、二〇一六年
「特集・学童疎開」『市史研究横須賀』第一六号、二〇一八年
「特集・学童疎開Ⅱ」『市史研究横須賀』第一七号、二〇一八年

〔研究文献など〕
遠藤芳信「要塞地帯法の成立と治安体制（4）―要塞要員・戒厳令下の函館を中心に―」『北海道教育大学紀要　人文科学・社会科学編』第五二巻二号、二〇〇二年
大庭正八「明治中期の静岡県における東海道鉄道建設とそれに対する地域社会の対応」『地理学評論』六七巻一二号、一九九四年

大豆生田稔「近代浦賀港の変容」、同編『港町浦賀の幕末・近代―海防と国内貿易の要衝―』清文堂出版、二〇一九年
加藤晴美「軍港都市横須賀における遊興地の形成と地元有力者の動向」『歴史地理学野外研究』第一四号、二〇一〇年
神谷大介『幕末の海軍―明治維新への航跡―』(『歴史文化ライブラリー』四五九)、吉川弘文館、二〇一八年
川島武編『横須賀重砲兵聯隊史』横須賀重砲兵聯隊史刊行会、一九九〇年
斉藤義朗「コラム　子どもたちの横須賀軍港見学」上山和雄編『軍港都市史研究』Ⅳ・横須賀編、清文堂出版、二〇一七年
佐藤義雄「都市・都市文化と日本の近代文学―回想された風景　芥川龍之介の横須賀―」『明治大学人文科学研究所紀要』七二冊、二〇一三年
鈴木かほる「お龍と横須賀―龍馬の死後の足跡―」『市史研究横須賀』第四号、二〇〇五年
鈴木　淳「軍と道路」高村直助編『道と川の近代』山川出版社、一九九六年
鈴木　淳「コラム　横須賀の陸軍部隊」上山和雄編『軍港都市史研究』Ⅳ・横須賀編、清文堂出版、二〇一七年
鈴木淳編『工部省とその時代』山川出版社、二〇〇二年
諏訪三郎「敗戦教官芥川龍之介」『中央公論』六七巻三号、一九五二年
高村聰史「米英連合国軍の上陸と横須賀―昭和二〇年八月三〇日―」『市史研究横須賀』第三号、二〇

〇四年
高村聰史「在外邦人の帰還輸送とコレラ」栗田尚弥編『地域と占領―首都とその周辺―』日本経済評論社、二〇〇七年
高村聰史「横須賀市民の戦前戦後―『合衆国戦略爆撃調査団報告書ＵＳＳＢＳ』の尋問記録から―」『市史研究横須賀』第九号、二〇一〇年
高村聰史「空母母港化」栗田尚弥編『米軍基地と神奈川』（『有隣新書』六九）、有隣堂、二〇一一年
高村聰史「大日本帝国憲法草案起草地碑設置経緯と戦後」『市史研究横須賀』第一一号、二〇一二年
高村聰史「関東大震災後の海軍用地問題―横須賀における稲楠土地交換と海軍機関学校の舞鶴移転―」『年報首都圏史研究』第三号、首都圏形成史研究会、二〇一三年
高村聰史「米英海軍による空襲と横須賀」『市史研究横須賀』第一三号、二〇一四年
高村聰史「学童疎開と相模原町―横須賀市からの学童受入と相模原の戦時―」『相模原市史ノート』第一二号、二〇一五年
高村聰史「横須賀の軍港化と地域住民―軍港市民の「完成」―」荒川章二編『地域のなかの軍隊』２・関東、吉川弘文館、二〇一五年
高村聰史「占領軍への労務提供と米海軍艦船修理廠（ＳＲＦ）の創設」「コラム　横須賀の料亭『小松』」「コラム　米海軍艦船修理廠（ＳＲＦ）の閉鎖騒動」上山和雄編『軍港都市史研究』Ⅳ・横須賀編、清文堂出版、二〇一七年
高村聰史「軍港都市の中の陸軍―要塞砲兵連隊と旧豊島町―」『市史研究横須賀』第一五号、二〇一八

年
田中宏巳『横須賀鎮守府』(『有隣新書』八〇)、有隣堂、二〇一七年
富田仁・西堀昭『横須賀製鉄所の人びと—花ひらくフランス文化—』(『有隣新書』二五)、有隣堂、一九八三年
中野　良「秋季演習・大演習・特殊演習—陸軍の軍事演習—」荒川章二ほか編『地域のなかの軍隊』8・基礎知識編、吉川弘文館、二〇一五年
名倉文二「日露戦争期における海軍工廠」『独協経済』第八七号、二〇〇九年
服部之総『明治の政治家たち—原敬に連なる人々—』上巻(『岩波新書』)、岩波書店、一九五〇年
花木宏直・山邊菜穂子「東京湾要塞地帯における第二・第三海堡の建設と住民の対応—横須賀・永嶋家にみる富津漁民との関わり—」『歴史地理学野外研究』第一四号、二〇一〇年
双木俊介「軍港都市横須賀における商工業の展開と「御用商人」の活動—横須賀下町地区を中心として—」『歴史地理学野外研究』第一四号、二〇一〇年
ベントン・W・デッカーほか著・横須賀学の会訳『黒船の再来—米海軍横須賀基地第4代司令官デッカー夫妻回想記—』kooインターナショナル出版部、二〇一一年
細川竹雄『軍転法の生まれる迄』旧軍港市転換連絡事務局、一九五四年
松下孝昭『軍隊を誘致せよ—陸海軍と都市形成—』(『歴史文化ライブラリー』三七〇)、吉川弘文館、二〇一三年
松本健一『神の罠—浅野和三郎、近代知性の悲劇—』新潮社、一九八九年